少自由度并联机构研究与设计

李研彪　张　征　孙　鹏　编著

本书获浙江工业大学专著与研究生教材出版基金资助
(基金编号 20170107)

科 学 出 版 社
北　京

内 容 简 介

本书主要介绍少自由度并联机构的最新研究进展和作者近年来从事相关研究工作的最新成果。本书提出了一种新型拟人机械腿机构和新型5-DOF气囊抛光机床；介绍了新型拟人机械腿机构、新型5-DOF气囊抛光机床和球面5R并联机构的运动学、动力学及设计方法等问题；定义了多项运动学与静力学传递性能评价指标，并给出这些运动学与静力学传递性能评价指标分别在工作空间内的分布情况；基于性能图谱的概率参数设计方法，给出了新型拟人机械腿机构和新型5-DOF气囊抛光机床的设计方案。

本书可作为高等学校机械工程类相关专业的研究生教材，也可供机械工程领域的工程技术人员参考。

图书在版编目(CIP)数据

少自由度并联机构研究与设计/李研彪，张征，孙鹏编著. —北京：科学出版社，2018.6

ISBN 978-7-03-057397-1

Ⅰ.①少… Ⅱ.①李… ②张… ③孙… Ⅲ.①空间并联机构-研究②空间并联机构-设计 Ⅳ.①TH112.1

中国版本图书馆CIP数据核字(2018)第094584号

责任编辑：朱英彪 赵晓廷／责任校对：张小霞
责任印制：张 伟／封面设计：蓝正设计

科学出版社 出版
北京东黄城根北街16号
邮政编码：100717
http://www.sciencep.com
北京厚诚则铭印刷科技有限公司 印刷
科学出版社发行 各地新华书店经销
*
2018年6月第 一 版 开本：720×1000 B5
2019年7月第二次印刷 印张：10 7/8
字数：216 000

定价：80.00元

(如有印装质量问题，我社负责调换)

前　言

相对于串联机构，并联机构具有结构紧凑、承载能力强、运动精度高和运动惯性小等优点，在机械加工、仿生、军事、医疗、生物、航天和海洋工程等领域有着很好的应用。并联机构属于多自由度运动机构，其结构参数较多且运动耦合，因此并联机构的设计与控制比较复杂。并联机器人的结构学与运动学主要研究并联机器人的构型综合、运动分析、奇异位型、工作空间、灵巧度分析和位置校准等，这些工作是实现机器人设计、控制和应用研究的基础。动力学分析及控制策略的研究主要是对并联机器人进行动力学分析和建模，且利用各种可能的控制算法对并联机器人实施控制，从而达到期望的运动轨迹和控制效果。

本书第一作者多年来一直专注于并联机构运动学性能、结构参数设计方法和动力学模型等问题的研究，在并联机构学领域取得了一定的成果，本书就是对相关成果的总结。全书共 8 章，分别从少自由度并联机构的研究现状、拟人机械腿运动性能、拟人机械腿动力学分析、拟人机械腿全域性能分析、新型正交 5-DOF 并联气囊抛光机床和对应的方案设计、球面 5R 并联机构的运动学性能和动力学模型等方面进行详细阐述。此外，本书广泛参考了国内外有关代表性论著，对于他人的工作，书中在引用时已做了标注，在此向相关作者表示感谢。

本书内容相关的研究工作先后得到了国家自然科学基金项目 (51475424)、浙江省自然科学基金杰出青年项目 (LR18E050003)、浙江工业大学研究生教学改革项目 (2017102、2017302、2017303、2017114、2016129) 等的资助。本书获浙江工业大学专著与研究生教材出版基金 (基金编号 20170107) 和浙江省一流 A 类学科 (机械工程) 资助。

本书由浙江工业大学李研彪、张征和孙鹏编著。研究生刘毅、李景敏、郑超、冯帅旗、徐梦茹、罗怡沁、王林、郑航、王泽胜、秦宋阳和徐涛涛等为本书做了大量工作，在此表示衷心感谢。

由于作者水平有限，书中难免存在疏漏和不妥之处，敬请读者提出宝贵意见。

作　者

2018 年 1 月于浙江工业大学

目　　录

第1章　绪　　论

1.1　概　　述

1955年，Gough[1]发明了一种基于并联机构的6自由度(degree of freedom，DOF)轮胎检测装置，如图1.1所示。十年后，Stewart首次对Gough发明的这种机构进行机构学意义上的研究，将其应用于飞行模拟器的运动装置，且命名为Stewart机构[2]，如图1.2所示。1978年，Hunt首次提出将并联机构作为机器人操作器。1979年，MacCallion[3]首次利用并联机构设计出了装配机器人。自此，拉开了并联机构研究的序幕[4,5]。

图1.1　Gough并联机构图[1]

随着科学技术的发展，人们已经认识到并联机器人的重要性，相关研究受到了国内外很多学者的重视，国际上著名的学者Waldron[6]、Roth[7]、Clavel[8]、Gosselin[9]、Merlet[10]、Angeles[11]、Hunt[12]、Duffy[13]和Lee[14]等，在并联机器人机构的位置分析、工作空间分析、特殊形位分析、机构综合、运动学和动力学等方面做了大量的工作，取得了丰硕的成果，并联机器人在运动模拟器、机床、微操作和传感器等领域得到了广泛的应用。虽然我国并联机构学方面的研究工作起步较晚，但在广大机器人爱好者的努力下发展较快，取得了显著成绩。国内并联机构学的学者主要有蔡鹤皋[15]、黄真[16]、孙立宁[17]、汪劲松[18]、熊有伦[19]、蔡自兴[20]和高峰[21]等，他们在并联机构学与技术方面取得了显著成绩，为我国并联机器人机构的研究奠定了良好的基础。

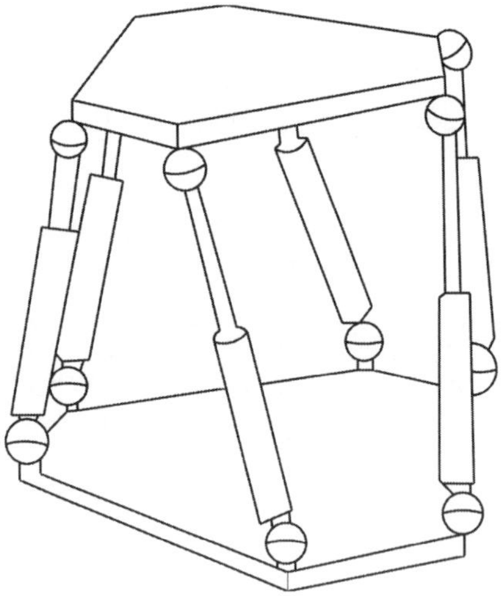

图 1.2　Stewart 并联机构[2]

近 30 年来，越来越多的并联机器人在机械加工、仿生、军事、医疗、生物、航天和海洋工程等领域得到应用。例如，在工业中用于汽车总装线上的车轮安装及检测；在航天航海领域里，采用并联机器人作为对接机构具有很好的减振功能，为向空间工作站提供给养和进行潜艇救援等带来了很大方便；在医疗领域，可以代替人手完成精细手术等[22-28]。并联机器人技术的不断深入研究，将为 21 世纪的人类文明做出更大的贡献。

国内外关于并联机器人的研究主要集中于结构学、运动学、动力学和控制策略等领域。其中，并联机器人的结构学与运动学主要研究并联机器人的构型综合、运动分析、奇异位型、工作空间和灵巧度分析以及位置校准等方面，这些内容是实现机器人设计、控制和应用研究的基础，因而在并联机器人的研究中占有重要的地位。动力学分析及控制策略的研究主要是对并联机器人进行动力学分析和建模，且利用各种可能的控制算法对并联机器人实施控制，从而达到期望的运动轨迹和控制效果。

运动学研究的内容包括位置分析和速度分析两部分。已知并联机构驱动关节的位置参数，求解机构动平台的所有可能的位置和姿态，称为运动学正解；若已知动平台的位置和姿态参数，求解机构驱动关节的位置参数，则称为运动学反解或运动学逆解。与串联机器人机构的运动学正反解相反，在并联机器人机构中，运动学反解容易，而正解却很复杂。到目前为止，并联机器人机构运动正解问题一直是运动学研究的难点之一。

机器人的工作空间是机器人操作器的工作区域，是衡量机器人性能的重要指标。并联机器人的一个最大弱点就是工作空间较小，同样的结构尺寸，串联机器人的工作空间比并联机器人大。工作空间一般又可分为可达工作空间和灵活工作空间。对于并联机构工作空间的解析求解是一个非常复杂的问题，在很大程度上依赖于并联机构位置正解的结果，至今仍然没有完善的方法。同并联机构的位置正解一样，数值方法是分析并联机器人工作空间的一种常用方法。Cleary 和 Arai[29]、Merlet[30] 等通过给定动平台的位置姿态 (简称位姿)，采用离散关节空间，由位置正解分析逐点求出动平台位置，进而确定相应的位置空间。Gosselin[31] 利用圆弧相交的方法，确定了六自由度并联机构在姿态固定情况时的工作空间，并给出了工作空间的三维表示。黄真等[16] 把工作空间作为约束条件，采用优化手段来确定工作空间。汪劲松和黄田[18] 利用最小章动角的新概念，定义了位姿空间、位置空间和姿态空间，运用集合论研究工作空间的组成和分解原理。高峰[21] 考虑并联机构的对称性，利用相对无量纲机构建立了多种并联机构的空间模型，给出了工作空间容积的计算方法，首次比较详尽地绘制了可达工作空间的容积性能图谱。

并联机器人的动力学及动力学建模是并联机器人研究的一个重要分支，其中动力学模型是并联机器人实现控制的基础，因而在研究中占有重要的地位。动力学主要研究物体的运动和作用力之间的关系。并联机器人是一个复杂的动力学系统，存在严重的非线性，由多个关节和多个连杆组成，具有多输入和多输出特征，它们之间存在着错综复杂的耦合关系。现在分析机器人动力学特性的方法很多，有拉格朗日方法、牛顿–欧拉方法、高斯方法、凯恩方法和旋量方法等。有关动力学建模的研究，在串联机器人领域已经取得了很大的进展。然而，由于并联机器人的复杂性，目前的研究内容大都只涉及机构和运动学的各个方面，对于动力学的研究相对较少。Merlet[30] 较早地开展了这方面的研究，在忽略腿部惯量影响的情况下建立了 Stewart 平台的动力学方程。Geng 等[32] 对并联机器人的几何形状和惯性扰动做了简化假设，利用拉格朗日方法建立了并联机器人的动力学方程。Ji[33] 考虑腿部惯量对 Stewart 平台的影响，建立了动力学方程。对于具有一般结构和惯量分布的 Stewart 并联机器人，Dasgupta 和 Choudhury[34] 推导出完整的逆动力学方程，并利用牛顿–欧拉方法建立了一个高效的算法，运用此方法得出 6-UPS 型和 6-PSS 型 Stewart 机器人封闭的动力学方程，并能够很好地应用于并联机器人的动力学计算。Gosselin[35] 指出由于机构结构的并联特点，并行计算方案可以很好地应用到并联机构的计算问题中。

在并联机器人控制领域，相对于并联机器人机构学理论研究，对于其控制策略的研究相对较少，有些方面还没有开展起来。常规 PID 控制对于大多数点位控制应用是相当有效的，而对于轨迹跟踪控制问题则不适用。并联机器人的绝大多数应用是要求轨迹控制的，因此很少使用常规的 PID 控制。自适应控制和滑模控制都属于基于模型的控制方法，主要应用于高精度控制。这类基于模型的控制方法都要求在线计算逆动力学模型，而并联机器人包含多个运动链，逆动力学模型比较复杂，计算量很大。为了解决这个问题，许多研究在控制中采用简化的动力学模型。

并联机器人的机械结构设计问题[36] 主要涉及具体结构的设计、制造和应用。在应用于并联机床方面，通过增加冗余运动链，可以增大结构的工作空间，避免奇异位型。在应用于触觉装置、传感器和微机电系统方面，则要考虑结构尺寸对具体结构设计的影响。在微尺度领域，需要考虑物理性质 (重力、原子力和表面力等) 的影响。目前已经成功制造出只有几毫米大小的并联机器人，且已经提出更小尺寸的并联机器人机构。机械结构设计还涉及关节和驱动器的设计问题。并联机器人中需要相对位移大、承载能力高的二、四自由度的高副关节。另外，柔性关节在微型并联机器人中也有应用。同样地，驱动器也需要多种形式，目前常用转动副驱动、螺旋副驱动和液压缸驱动。直线电机和球面电机也正在得到应用[37]。

1.2　少自由度并联机器人的研究现状

随着并联机器人应用领域的扩展，很多实际操作任务不再需要空间六个自由度，在这种情况下如果再使用一般的六自由度并联机器人，势必增加不必要的成本。空间少自由度并联机器人的自由度数为 3、4 或 5，自由度数的减少使机构的运动副个数和杆件个数相应减少，机械结构更加简单，从而降低了设计、制造和控制的成本。另外，少自由度并联机构具有结构形式简单、作业空间大、运动学和动力学设计简单、承载能力强、对机械元件的制造及控制精度要求较低等优点。因此，少自由度并联机器人引起了国内外专家的重视。

20 世纪 80 年代以来，国内外很多学者对少自由度并联机器人进行了研究。美国、日本和加拿大等国的学者先后给出了少自由度并联机器人的一些构型[38-42]。我国燕山大学、天津大学、北京航空航天大学、东北大学等高校的一大批学者也相继开展了这方面的研究工作，研制出多台新型样机[28,43-47]。目前，关于少自由度并联机器人的研究开发和应用工作正日益广泛、深入地进行，许多研究成果已经用于生产和科研中。少自由度并联机器人机构的应用领域主要包括微动机构、并联机床、力传感器、主动式振动装置、医疗器械和天文望远镜等。少自由度并联机器人具有刚度高和动态性能好等优点，也可以用作步行器或爬壁机器人的步行机构。

1.2.1 四自由度并联机器人的发展与应用

目前，大多数研究工作主要集中于六自由度和三自由度的并联机构，对四自由度及五自由度并联机器人的研究相对较少。在实际应用中，许多场合需要提供多于三自由度而又比六自由度机构更简单的并联机构，如仿生、机械加工等领域。其中，四自由度并联机器人机构的类型较少[48-50]，多数是由不同支链结构组成的非对称并联机构。在实际应用中，根据运动特征，四自由度并联机器人可分为三转动一移动、一转动三移动和两转动两移动等种类。

1. 三转动一移动四自由度并联机器人

2001 年，Zlatanov 等[51] 提出了一种对称的四自由度并联机器人机构，具有三个转动自由度和一个沿 Z 轴的移动自由度，如图 1.3 所示。燕山大学的黄真教授提出了 4-RPR(RR) 并联机构，具有三个转动自由度和一个移动自由度。朱大昌和方跃法[52] 提出了一种 4-RRCR 型并联机器人机构，其支链中与定平台相连接的 R 副的轴线相互平行，与动平台相连接的 C 副和 R 副的轴线则全部相交于空间的一个公共点。

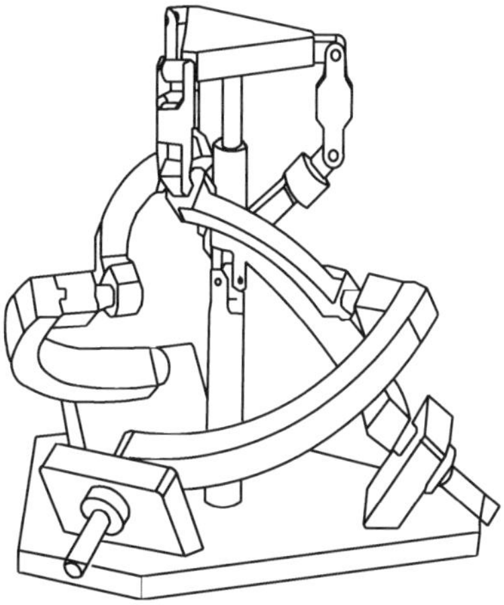

图 1.3 3R1P 并联机器人[51]

2. 一转动三移动四自由度并联机器人

Pierrot 和 Company[53] 在 1999 年提出四自由度 H4 并联机构，如图 1.4 所示。这种机构是在原有 Delta 机器人的分支运动链中加装了一个与动平台垂直的转动副，从而在 Delta 机器人原有的三个移动自由度外又获得了一个转动自由度。

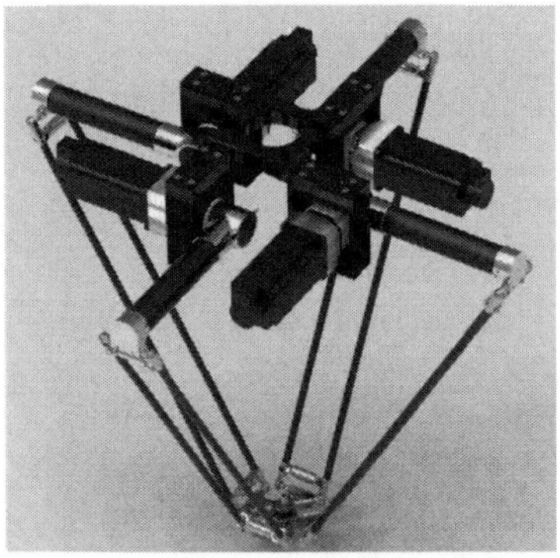

图 1.4 H4 并联机器人[53]

燕山大学的赵铁石等[54] 提出了一种对称四自由度 4-UPU 并联机器人机构，如图 1.5 所示，可实现三个移动自由度和一个转动自由度的并联机构。山东理工大学的段建国等[55] 提出了一种 4-PTT 并联机器人机构，其具有运动灵活、工作空间大、承载能力强、装配工艺性好等优点。此外，马履中等提出了一些可实现三个移动自由度和一个转动自由度的并联机构[56]。

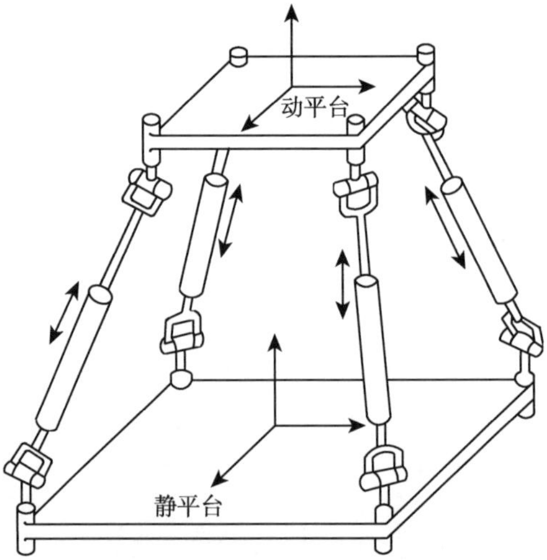

图 1.5 4-UPU 并联机器人机构[54]

3. 两转动两移动四自由度并联机器人

陈文家等[57] 提出了一种 2P2R 四自由度并联机器人，其动平台能够实现两个方向的移动和绕两个方向轴线的转动。马履中等开发了一种两转动两移动四自由度振动平台[58]，如图 1.6 所示。Chen 等[59] 在 2002 年提出了一种可实现两个转动自由度和两个移动自由度的非对称并联机构，如图 1.7 所示。燕山大学的金振林和李研彪[60] 提出了一种新型 4-DOF 并联机械臂，如图 1.8 所示。天津大学的李永刚等[61] 提出了一种具有两转动两移动自由度的 2RPS-2UPS 四自由度非全对称并联机构，由定平台、动平台以及连接两个平台的四条支链组成，定平台和动平台均采用正四边形布局，四条支链中共有两种形式，分别为 RPS 结构和 UPS 结构。

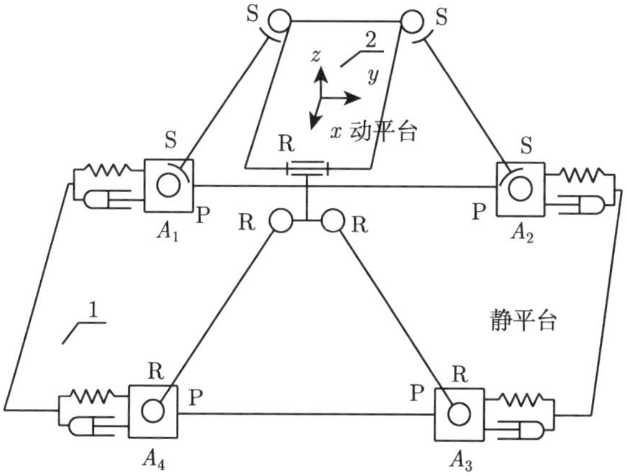

图 1.6 4-DOF 并联机构减振装置[58]

图 1.7 2P2R 四自由度并联机构[59]

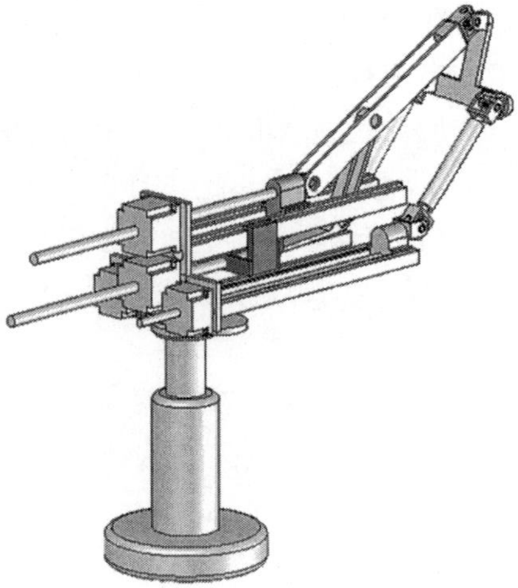

图 1.8　四自由度并联机械臂[60]

集美大学的余顺年等[62,63] 也提出了一种新型两转动两移动四自由度并联机器人机构。清华大学的刘辛军等[64] 提出了一种两转动两移动四自由度并联机床。

1.2.2　五自由度并联机器人的发展与应用

目前，关于五自由度并联机构的研究主要集中在机床加工领域，燕山大学的赵永生等研制了五自由度并联虚拟主轴机床[65]，如图 1.9 所示；河北工业大学的高峰等研制了五自由度并联机床[66]，如图 1.10 所示。

图 1.9　燕山大学并联机床[65]

燕山大学的朱恩俊和黄真[67] 提出了一种 2-PPCR 对称五自由度并联机器人。江苏大学的马履中等[68] 提出了一种新型五自由度并联机器人机构，它有五个分支，其中四个是 SPS 分支，一个是 RRTR 分支，RRTR 分支可看成由五个转动副组成，具有三移动两转动自由度，可用于中医推拿操作机器人的设计。

图 1.10　五轴五自由度并联机床[66]

1.3　拟人机械腿的研究现状

目前，拟人机器人向着结构紧凑、运动惯性小和运动灵活等方向发展。而拟人机械腿是拟人机器人能否实现仿人行走及步行质量好坏的关键，它对整个机器人从结构到控制，直至功能、质量和效率都有很大的影响。在拟人机械腿结构设计中，关节及其驱动的设计又是关键。早在 20 世纪 60 年代后期，日本早稻田大学就开始对拟人机器人的行走进行研究，其 WL 系列是最早的双足拟人行走机器人[69]，该拟人机器人的双腿均采用串联机构，各腿具有五个自由度。WL12 型拟人机器人的腰部增加了两个自由度，通过控制躯干的运动来平衡下肢的运动，实现在位置路面情况下的行走，可基本实现拟人下肢行走的自主控制，但这种拟人机器人采用串联机构，具有运动惯性大、结构复杂等缺点。此后，世界各国广泛展开了对于拟人机器人的研究。

日本早稻田大学与日本 YKK 公司合作，于 1995 年推出了完全人形结构的机器人 WABIAN-R[70]，它具有信息交互能力，能像人一样行走，该机器人腿有六个自由度。在 1997 年，日本本田公司相继推出 P2、P3 型拟人机器人[71]，如图 1.11 所示。此类机器人具有 28 个自由度，各拟人机械腿分别具有六个自由度，没有腰关节。2004 年，日本本田公司开发了新一代双足行走机器人 ASIMO[72]，它可以快速行走，强化了躲避障碍物的功能，全身共有 34 个自由度，增加了腰部旋转关节等，各转动关节采用串联机构方式。ASIMO 机器人通过减少自由度的方法及采用轻质材料的办法等，减轻了运动构件的质量。2000 年，日本索尼公司推出了娱乐型拟人机器人 SDR-3X[73]，如图 1.12 所示，它可在外部压力下保持稳定，能感受且绕过障碍物，实现了稳定灵活行走。该机器人的各腿分别具有六个自由度。同样的机器人还有很多，如日本富士通开发的两款娱乐型机器人 HOAP-1 和 HOAP-2[74]、美国麻省理工学院人工智能实验室研制的 COG 机器人[75]、欧洲 Chalmers 大学的 Elvis 机器人[76]、德国 Karlsruhe 大学的 ARMAR 机器人[77] 以及德国慕尼黑技术大学的 Johnnie 人形机器人[78] 等。

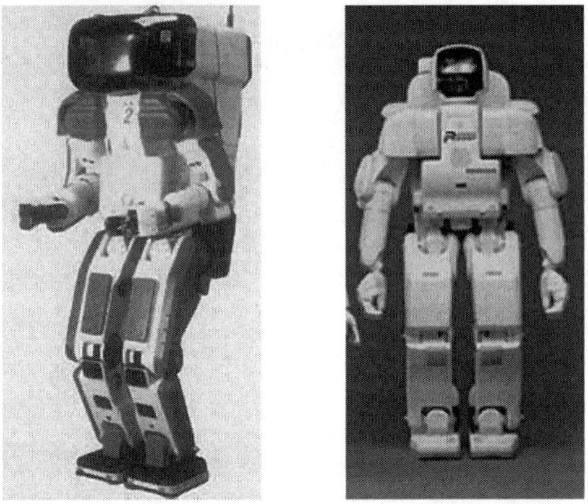

(a) P2型拟人机器人　　(b) P3型拟人机器人

图 1.11　日本本田公司研制的拟人机器人[71]

图 1.12　索尼 SDR-3X 拟人机器人[73]

虽然我国在拟人机器腿方面的研究起步较晚，但也取得了较大的进展。中国人民解放军国防科技大学 (简称国防科技大学) 于 1988 年 2 月成功研制了六关节平面运动型双足步行机器人。随后于 1990 年又先后成功研制了 10 关节、12 关节的空间运动型机器人系统，实现了拟人机器人的基本行走功能。2000 年，国防科技大学在 12 关节的空间运动机构上，实现了每秒两步的前进及左右动态行走功能。经过十年攻关，国防科技大学研制了我国第一台类人形机器人——先行者[79]，实现了我国机器人技术的重大突破，如图 1.13 所示，各腿分别具有六个自由度，没有腰关节，可以动态步行。

2003 年，北京理工大学研制了拟人机器人 BRH[80]，身高为 158cm，体重为 76kg，共有 32 个自由度，每条腿有六个自由度。清华大学研制的 TH-1 型拟人机器人[81]，每条腿有六个自由度，如图 1.14 所示。其他高校也进行了大量的研究，如北京科技大学、哈尔滨工业大学、上海交通大学和燕山大学等[82,83]。

图 1.13 先行者拟人机器人[79]

图 1.14 TH-1 型拟人机器人[81]

考察现有的拟人机器人不难发现，它们的本体构型几乎都是串联的构成方式，如图 1.15 所示。一般地，腿为六自由度串联。人在行走运动过程中，重心集中在腰关节附近，而上述拟人机器人的腰关节、髋关节、膝关节和踝关节等均采用串联机构，各驱动电机直接置于各关节处，增加了各运动构件的重量，远离了整个拟人机器人的重心，从而也增加了拟人机器人的运动惯性。在运动过程中，机器人所受的力矩较大，不利于机器人的控制和应用。因此，可以通过减少一些人体关节自由度及采用轻质材料的方法，来使这些机器人实现行走等运动，但它们还不能完全模拟人类的全部动作。

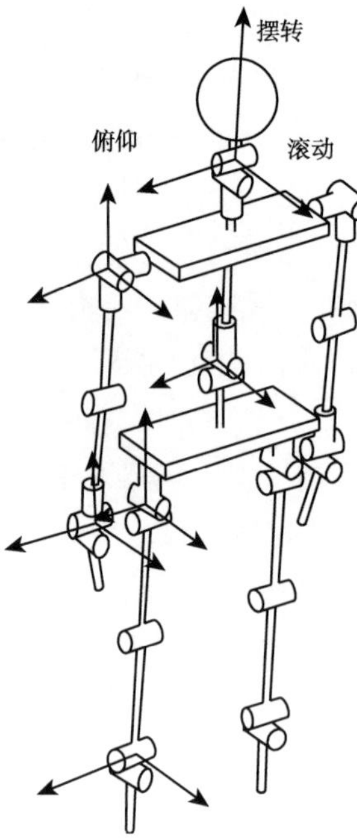

图 1.15 人形机器人构型

目前，多数拟人机械腿的机构主要分为串联机构、欠驱动机构和串并混联机构等。其中，多数采用串联机构[84-87]，髋关节为一或两个自由度，膝关节为一个自由度，踝关节为 1~3 个自由度，具有工作空间大、运动灵活等优点，但存在结构复杂、承载能力小、惯性大等问题。相对于串联机构，并联机构具有结构紧凑、承载能力强、刚度大及运动惯性小等优点，有效地弥补了串联机构的不足[16,88]。拟人机械腿机构的一些关键部位均可采用少自由度并联机构作为机构原型，这种串并混联拟人构型特点包括：驱动器可完全设置在机体上，以减轻肢体负荷，提高肢体驱动能力；刚度大使肢体的承载能力增大，运动稳定性提高；肢体的轴向尺寸较小。因此，串并混联拟人机械腿机构可兼备上述两种机构的优点[89]。

多数串并混联拟人机械腿机构的踝关节单独采用并联机构，髋关节、膝关节和踝关节串联在一起，电机等固定件远离腰部，增加了驱动力矩，不利于拟人下肢的运动惯性，其他欠驱动拟人机械腿主要采用被动的运动方式，由于其系统的特殊性，并非任何步态都是可行的。

李研彪等[90] 研发的新型串并混联拟人机械腿的膝关节和踝关节采用四自由度欠驱动并联机构，通过三个电机实现膝关节和踝关节的运动，电机等固定件靠近腰部附近，减少了电机等固定件产生的力矩，增加了腿部的承载能力，可减少运动惯性，发挥并联机构的优点；同时，可实现任何步行状况，具有主动控制步态的优点。因此，这种新型拟人机械腿具有结构简单、承载能力强、运动惯性小、运动稳定和可实现任何步态行走等优点，为具有自主知识产权的机器人技术的产业化奠定了基础。

1.4 5-DOF 气囊抛光机床的研究现状

气囊抛光是近年来出现的一种新颖的非球曲面抛光方法，浙江工业大学计时鸣等[91] 将这种基于柔性抛光理念的新型气囊抛光技术应用到了非一致曲率的模具抛光领域。新型气囊抛光技术通过控制抛光头在空间的运动实现非一致曲率模具的抛光，其抛光头是一个气压在线可控的柔性气囊，气囊外覆盖抛光布作为抛光工作面，内置电机驱动抛光头旋转，转速亦可调节。通过调节抛光头的进给深度和气囊气压，可将气囊抛光工作面柔度、与工件曲面接触的面积及抛光压力调节到适当的数值，从而得到较好的抛光效果。为了实现非一致曲率的模具抛光的要求，需要气囊抛光设备实现空间五个自由度的运动[91]。当前，气囊抛光设备主要采用串联机构的机械臂，具有结构复杂、惯性大和自重负荷比大等缺点。

相比串联机构，并联机构因具有结构简单、自重负荷比小、精度高和惯性小等优点[92] 受到了国内外专家的重视，在机械加工、仿生、航空航天等领域得到了广泛的应用。并联机床的应用较为广泛，例如，德国 Mikromat 公司研制了 6X 型高速立式加工中心[93] (图 1.16)，瑞士联邦理工学院研制了 HexaGlide 并联机床[94]，清华大学和天津大学联合研制了 VAMT1Y 型并联机床样机[95] (图 1.17)，哈尔滨工业大学研制了 BJ-1 型并联机床[96]，燕山大学研制了 5-DOF 并联机床[97]。

图 1.16 Mikromat 公司的 6X 型高速立式加工中心[93]

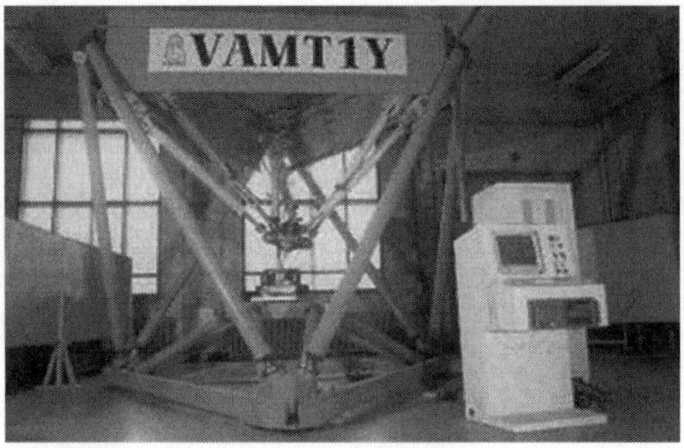

图 1.17　VAMT1Y 型并联机床样机[95]

目前，气囊抛光设备多数采用串联机构的机器人，具有结构复杂、惯性大和自重负荷比大等缺点。而并联机构具有结构简单、自重负荷比小、精度高和惯性小等优点，有效地弥补了串联机构的不足。

本书作者研发了一种新型正交 5-DOF 并联气囊抛光机床[98]，该机床具有结构简单、工艺性好、适应复杂型面加工、运动惯性小和自重负荷比小等优点，适用于空间曲面 (模具、叶片等) 零件的加工及精密抛光等领域。

1.5　本书内容安排

本书内容主要源于国家自然科学基金项目 (51475424)、浙江省自然科学基金杰出青年项目 (LR18E050003) 和浙江工业大学研究生教学改革项目 (2017102、2017302、2017303、2017114、2016129) 等的研究成果。

本书共 8 章，各章内容安排如下。

(1) 第 1 章主要介绍并联机构的国内外研究现状，并对本书内容进行简要的概括。

(2) 第 2 章提出一种具有类似于人腿膝关节和踝关节结构的整体式并联机械腿机构，对其进行结构布局分析；绘制这种拟人机械腿的姿态工作空间，定性地分析尺寸参数对其姿态工作空间大小的影响；推导出这种拟人机械腿的运动学雅可比矩阵和力雅可比矩阵，介绍性能评价指标在工作空间内的分布规律。

(3) 第 3 章基于拉格朗日方法建立新型拟人机械腿的动力学模型；介绍这种拟人机械腿伺服电机驱动系统的结构和原理，在动力学分析的基础上对伺服电机模型进行预估；在动力学模型的基础上，设计自适应迭代学习控制器并进行收敛性分析及其证明。

(4) 第 4 章在新型拟人机械腿的运动学和静力学性能基础上，综合分析机构参数对全域性能的影响；应用空间模型技术，分析模型简化后拟人机械腿的大腿和小腿尺寸参数与各性能指标之间的关系，绘制各项全域性能指标的性能图谱。

(5) 第 5 章提出一种新型正交 5-DOF 并联气囊抛光机床机构，对其进行结构布局分析；绘制这种新型并联机床的姿态工作空间，定性地分析尺寸参数对其工作空间大小的影响；推导出这种新型并联机床的运动学雅可比矩阵和力雅可比矩阵，研究性能评价指标在工作空间内的分布规律。

(6) 第 6 章在新型正交 5-DOF 并联气囊抛光机床的运动学和静力学性能基础上，综合分析机构参数对全域性能的影响；应用空间模型技术，分析这种新型并联机床的尺寸参数与各性能指标之间的关系，绘制各项全域性能指标的性能图谱。

(7) 第 7 章根据拟人肩关机构的特点，提出一种新型的球面 5R 并联机构 (即该机构由五个转动副组成)，对其进行结构布局分析；绘制这种球面 5R 并联机构的姿态工作空间，定性地分析尺寸参数对其姿态工作空间大小的影响；基于拉格朗日方法，推导出球面 5R 并联机构的动力学模型，分析动力学模型中各系数对驱动力矩的影响。

(8) 第 8 章总结在拟人机械腿、并联机床和拟人肩关节方面的主要研究成果，指出目前并联机构研究上的不足，并给出今后的研究方向。

1.6 本章小结

本章主要介绍了并联机构的国内外研究现状，并对全书内容进行简要概括。主要内容如下：

(1) 介绍了并联机构及少自由度并联机构的国内外研究现状，分析了少自由度并联机构的发展与应用。

(2) 介绍了拟人机械腿和并联机床的国内外研究现状。

(3) 介绍了本书的内容来源，对主要内容进行简要概括。

参考文献

[1] Gough V E. Contribution to discussion of papers on research in automobile stability, control and tyre performance[J]. Proceedings of the Automotive Division of the Institution of Mechanical Engineers, 1957, 171: 392-394.

[2] Stewart D. A platform with 6 degrees of freedom[J]. Proceedings of the Institution of Mechanical Engineers, 1965, 180(1): 371-386.

[3] MacCallion H. The analysis of a six dof workstation for mechanized assembly[C]. Proceedings of the 5th World Congress on Theory of Machines and Mechanisms, Montreal, 1979.

[4] Furutani K, Suzuki M, Kudoh R. Nanometre-cutting machine using a Stewart-platform parallel mechanism[J]. Measurement Science & Technology, 2004, 15(2): 467.

[5] Rao N M, Rao K M. Dimensional synthesis of a spatial 3-RPS parallel manipulator for a prescribed range of motion of spherical joints[J]. Mechanism & Machine Theory, 2009, 44(2): 477-486.

[6] Waldron K J, Kumar A. The workspaces of a mechanical manipulator[J]. Journal of Mechanical Design, 1981, 103(3): 665-672.

[7] Roth B. Performance evaluation of manipulators from a kinematic viewpoint[J]. Special Publication, 1976, 459: 39-62.

[8] Clavel R. A fast robot with parallel geometry[C]. Proceedings of the Institution Symposium on Industrial Robots, Lausanne, 1988.

[9] Gosselin C. Kinematic Analysis, Optimization and Programming of Parallel Robotic Manipulators[D]. Montreal: McGill University, 1988.

[10] Merlet J P, Gosselin C M, Mouly N. Workspaces of planar parallel manipulators[J]. Mechanism & Machine Theory, 1998, 33(1): 7-20.

[11] Angeles J, Gosselin C. A global performance index for the kinematic optimization of robotic manipulators[J]. Journal of Mechanical Design, 1991, 113(3): 220-226.

[12] Hunt K H. Kinematic Geometry of Mechanisms[M]. Oxford: Oxford University Press, 1978.

[13] Duffy J. Statics and Kinematics with Applications to Robotics[M]. Cambridge: Cambridge University Press, 1996.

[14] Lee J D, Geng Z. A dynamic model of a flexible Stewart platform[J]. Computers & Structures, 1993, 48(3): 367-374.

[15] 蔡鹤皋. 机器人将是 21 世纪技术发展的热点[J]. 中国机械工程, 2000, 11(1): 58-60.

[16] 黄真, 赵永生, 赵铁石. 高等空间机构学[M]. 北京: 机械工业出版社, 2006.

[17] 孙立宁, 刘品宽, 吴善强, 等. 管内移动微型机器人研究与发展现状[J]. 光学精密工程, 2003, 11(4): 326-332.

[18] 汪劲松, 黄田. 并联机床——机床行业面临的机遇与挑战[J]. 中国机械工程, 1999, 10(10): 1103-1107.

[19] 熊有伦. 机器人技术基础[M]. 武汉: 华中理工大学出版社, 1999.

[20] 蔡自兴. 21 世纪机器人的发展趋势[J]. 南京化工大学学报, 2000, 22(4): 73-78.

[21] 高峰. 机构学研究现状与发展趋势的思考[J]. 机械工程学报, 2005, 41(8): 1-17.

[22] Liu H T, Mei J P, Zhao X M, et al. Inverse dynamics and servomotor parameter estimation of a 2-DOF spherical parallel mechanism[J]. Science China: Technological Sciences, 2008, 51(3): 288-301.

[23] 刘辛军, 汪劲松. 一种串并联结构拟人七自由度冗余手臂的设计[J]. 中国机械工程, 2002, 13(2): 102-104.

[24] 金振林. 6-PSS 并联机器人和并联结构控制器的分析与设计[D]. 北京: 北京航空航天大学, 2003.

[25] 李洪波. 冗余七自由度串并联拟人手臂的设计研究[D]. 天津: 河北工业大学, 2003.

[26] 张文增. 拟人机器人的上肢的研制[D]. 北京: 清华大学, 2004.

[27] 赵冬斌, 易建强, 张文增, 等. 拟人机器人 TH-1 手臂运动学[J]. 机器人, 2002, 24(6): 502-507.

[28] 赵永杰. 高速轻型并联机械手动态设计理论与方法[D]. 天津: 天津大学, 2006.

[29] Cleary K, Arai T. A prototype parallel manipulator: Kinematics, construction, software, workspace results, and singularity analysis[C]. IEEE International Conference on Robotics and Automation, Sacramento, 1991.

[30] Merlet J P. Determination of the orientation workspace of parallel manipulators[J]. Journal of Intelligent & Robotic Systems, 1995, 13(2): 143-160.

[31] Gosselin C. Determination of the workspace of 6-DOF parallel manipulators[J]. Journal of Mechanical Design, 1990, 112(3): 331-336.

[32] Geng Z, Haynes L S, Lee J D, et al. On the dynamic model and kinematic analysis of a class of Stewart platforms[J]. Robotics & Autonomous Systems, 1992, 9(4): 237-254.

[33] Ji Z. Dynamics decomposition for Stewart platforms[J]. Journal of Mechanical Design, 1994, 116(1): 67-69.

[34] Dasgupta B, Choudhury P. General strategy based on the Newton-Euler approach for the dynamic formulation of parallel manipulators[J]. Mechanism & Machine Theory, 1999, 34(6): 801-824.

[35] Gosselin C M. Parallel computational algorithms for the kinematics and dynamics of planar and spatial parallel manipulators[J]. Journal of Dynamic Systems Measurement & Control, 1996, 118(1): 22-28.

[36] Merlet J P. Still a long way to go on the road for parallel mechanisms[C]. Biennial Mechanisms and Robotics Conference, Montreal, 2002.

[37] 张曙, Heisel U. 并联运动机床[M]. 北京：机械工业出版社, 2003.

[38] Hunt K H, Primrose E J F. Assembly configurations of some in-parallel-actuated manipulators[J]. Mechanism & Machine Theory, 1993, 28(1): 31-42.

[39] Hunt K H. Structural kinematics of in-parallel-actuated robot-arms[J]. Journal of Me-

chanical Design, 1983, 105(4): 705-712.

[40] Neugebauer R, Schwaar M, Ihlenfeldt S, et al. New approaches to machine structures to overcome the limits of classical parallel structures[J]. Annals-Manufacturing Technology, 2002, 51(1): 293-296.

[41] Kong X, Gosselin C M. Type synthesis of 3-DOF spherical parallel manipulators based on screw theory[J]. Management International Review, 2002, 126(1): 7-26.

[42] Wang J, Gosselin C M. Static balancing of spatial four-degree-of-freedom parallel mechanisms[J]. Mechanism & Machine Theory, 2000, (35): 563-592.

[43] 赵辉. 五自由度五轴并联机床关键技术研究[D]. 北京: 北京航空航天大学, 2004.

[44] Huang Z, Li Q C. Some novel lower-mobility parallel mechanisms[C]. International Design Engineering Technical Conferences and Computers and Information in Engineering Conference, Montreal, 2002.

[45] 李秦川. 对称少自由度并联机器人型综合理论及新机型综合[D]. 秦皇岛: 燕山大学, 2003.

[46] 孙立宁, 刘宇, 祝宇虹. 一种用于腕关节的球面三自由度并联解耦机构位置分析[J]. 中国机械工程, 2003, 14(10): 831-833.

[47] 曾宪菁, 黄田, 曾子亚. 3-RRR 型数控回转台的精度分析[J]. 机械工程学报, 2001, 37(11): 42-45.

[48] Lenarčič J, Stanišić M M, Parenti-Castelli V. A 4-DOF parallel mechanism simulating the movement of the human sternum-clavicle-scapula complex[M]//Lenarčič J, Stanišić M M. Advances in Robot Kinematics. Berlin: Springer, 2000.

[49] Rolland L H. The manta and the kanuk: Novel 4-DOF parallel mechanisms for industrial handling[C]. International Conferences on Mechanical Engineering, Nashville, 1999.

[50] 刘剑敏, 马履中. 空间四自由度并联机器人的智能化型综合[J]. 机械设计与制造, 2008, (6): 160-162.

[51] Zlatanov D, Ement C, Gosselin C. A new parallel architecture with four degrees of freedom[C]. The 2nd Workshop on Computational Kinematics, Seoul, 2001.

[52] 朱大昌, 方跃法. 4-RRCR 型并联机构动平台关联运动特性分析[J]. 自然科学进展, 2007, 17(6): 837-840.

[53] Pierrot F, Company O. H4: A new family of 4-DOF parallel robots[C]. International Conference on Advanced Intelligent Mechatronics, Atlanta, 1999.

[54] 赵铁石, 陈江, 王家春, 等. 4-UPU 并联机器人机构及其运动学[J]. 中国机械工程, 2005, 16(22): 2034-2038.

[55] 段建国, 郭宗和, 王克杰. 新型四自由度并联机构结构及运动分析[J]. 山东理工大学学报(自然科学版), 2008, 22(1): 23-27.

[56] 马晓丽, 马履中, 汪建平. 新型三平移一转动并联机构及运动学分析[J]. 中国机械工程,

2006, 17(2): 191-195.

[57] 陈文家, 张剑峰, 杨玲, 等. 一种新型四自由度并联机器人[J]. 扬州大学学报 (自然科学版), 2002, 5(2): 41-45.

[58] 陈修祥, 马履中, 吴伟光, 等. 两平移两转动四自由度减振平台设计、仿真与测试[J]. 振动与冲击, 2006, 25(6): 143-146.

[59] Chen W J, Zhao M Y, Zhou J P, et al. A 2T-2R, 4-DOF parallel manipulator[C]. International Design Engineering Technical Conferences and Computers and Information in Engineering Conference, Montreal, 2002.

[60] 金振林, 李研彪. 四自由度并联机械臂: 中国, 200610012824.6[P]. 2006.

[61] 李永刚, 宋轶民, 冯志友, 等. 4 自由度非全对称并联机构的完整雅可比矩阵[J]. 机械工程学报, 2007, 43(6): 37-40.

[62] 余顺年, 陈扼西. 两平移两转动并联机器人机构运动学分析[J]. 机械工程师, 2006, (9): 33-35.

[63] 余顺年, 马履中. 两平移一转动并联机构位置及工作空间分析[J]. 农业机械学报, 2005, (8): 103-106.

[64] 刘辛军, 汪劲松, 高峰. 并联六自由度微动机器人机构的设计方法[J]. 清华大学学报 (自然科学版), 2001, 41(8): 16-20.

[65] 赵永生, 高建设, 郑魁敬, 等. 新型 5-UPS/PRPU 5 自由度完全并联机床[J]. 计算机集成制造系统, 2005, 11(11): 1636-1639.

[66] Gao F, Li W, Zhao X, et al. New kinematic structures for 2-, 3-, 4-, and 5-DOF parallel manipulator designs[J]. Mechanism & Machine Theory, 2002, 37(11): 1395-1411.

[67] 朱思俊, 黄真. 机构对称的 3T2R 五自由度并联机构[J]. 燕山大学学报, 2007, 31(2): 114-116.

[68] 马履中, 王劲松, 杨启志, 等. 基于一种新型并联机构的中医推拿机器人[J]. 中国机械工程, 2004, 15(16): 1475-1478.

[69] Kato T, Takanishi A, Jishikawa H, et al. The realization of the quasi-dynamic walking by the biped walking machine[C]. 4th Symposium on Theory and Practice of Robots and Manipulators, Warsaw, 1981.

[70] Lim H O, Ishii A, Takanishi A. Emotion-based biped walking[J]. Robotica, 2004, 22(5): 577-586.

[71] Hirai K, Hirose M, Haikawa Y, et al. The development of honda humanoid robot[C]. IEEE International Conference on Robotics and Automation, Leuven, 1998.

[72] Sakagami Y, Watanabe R, Aoyama C, et al. The intelligent ASIMO: System overview and integration[C]. IEEE/RSJ International Conference on Intelligent Robots and Systems, Lausanne, 2002.

[73] 张炜. 从日本机器人技术的现状看机器人技术产业化发展[J]. 机器人技术与应用, 2006,(3): 1-5.

[74] Shan J, Nagashima F. Neural locomotion controller design and implementation for humanoid robot HOAP-1[C]. 20th Annual Conference of The Robotics Society of Japan, Osaka, 2002.

[75] Tatusov R L, Fedorova N D, Jackson J D, et al. The COG database: An updated version includes eukaryotes[J]. BMC Bioinformatics, 2003, 4(1): 41-1-41-14.

[76] Juster J, Roy D. Elvis: Situated speech and gesture understanding for a robotic chandelier[C]. Proceedings of the 6th International Conference on Multimodal Interfaces, State College, 2004.

[77] Berns K, Asfour T, Dillmann R. ARMAR—An anthropomorphic arm for humanoid service robot[C]. IEEE International Conference on Robotics and Automation, Detroit, 1999.

[78] Pfeiffer F, Loffler K, Gienger M. The concept of jogging JOHNNIE[C]. IEEE International Conference on Robotics and Automation, Washington DC, 2002.

[79] 马宏绪, 应伟福. 两足步行机器人姿态稳定性分析[J]. 计算机与自动化, 1997, 16(3): 14-18.

[80] Qiang H. Design of a humanoid hand with 5 fingers driven by two motors[J]. Chinese Journal of Mechanical Engineering, 2004, 4: 58-67.

[81] 张文增, 陈强, 孙振国. 拟人机器人手的设计与实现[J]. 机械工程学报, 2005, 41(5): 123-126.

[82] 李研彪. 新型 6-DOF 串并混联拟人机械臂的性能分析与设计[D]. 秦皇岛: 燕山大学, 2008.

[83] 周玉林, 高峰. 仿人机器人构型[J]. 机械工程学报, 2006, 42(11): 66-74.

[84] 于靖军, 刘辛军, 等. 机器人机构学的数学基础[M]. 北京: 机械工业出版社, 2008.

[85] 蔡自兴. 机器人学基础[M]. 北京: 机械工业出版社, 2015.

[86] 张玫, 邱钊鹏, 诸刚. 机器人技术[M]. 北京: 机械工业出版社, 2011.

[87] Simionescu I, Ciupitu L. The static balancing of the industrial robot arms — Part Ⅱ: Continuous balancing[J]. Mechanism & Machine Theory, 2000, 35(9): 1299-1311.

[88] 张建军, 高峰, 李为民, 等. 新型 6 自由度并联微动机器人微运动学及其运动解耦性分析[J]. 机械设计, 2003, 20(12): 22-25.

[89] 刘辛军, 汪劲松, 高峰, 等. 一种串并联结构拟人七自由度冗余手臂的设计[J]. 中国机械工程, 2002, 13(2): 102-104.

[90] 李研彪, 计时鸣, 袁巧玲, 等. 一种并联仿人腿机构: 中国, 200910098461.6[P]. 2009.

[91] 计时鸣, 金明生, 张宪, 等. 应用于模具自由曲面的新型气囊抛光技术[J]. 机械工程学报, 2007, 43(8): 2-6.

[92] 黄真, 孔令富, 方跃法. 并联机器人机构学理论及控制[M]. 北京: 机械工业出版社, 1997.

[93] 孙立宁, 马立, 荣伟彬, 等. 一种纳米级二维微定位工作台的设计与分析[J]. 光学精密工程, 2006, 14(3): 406-411.

[94] Warnecke H J, Neugebauer R, Wieland F. Development of hexapod based machine tool[J]. Annals-Manufacturing Technology, 1998, 47(1): 337-340.

[95] 汪劲松, 段广洪, 杨向东, 等. VAMT1Y 虚拟轴机床[J]. 制造技术与机床, 1998, (2): 45-46.

[96] 王知行, 李建生. BJ-1 型并联机床[J]. 制造技术与机床, 1999, (9): 58.

[97] 赵永生, 郑魁敬, 李秦川, 等. 5-UPS/PRPU 5 自由度并联机床运动学分析[J]. 机械工程学报, 2004, 40(2): 12-16.

[98] 李研彪, 计时鸣, 文东辉, 等. 五自由度并联机床: 中国, 200810162510.3[P]. 2008.

第2章 拟人机械腿的运动性能分析

目前，多数拟人机械腿均采用串联结构，存在承载能力小、运动惯性大等问题，相对于串联机构，并联机构具有结构紧凑、承载能力大等优点，而串并混联机构兼备上述两种机构的优点。根据人体腿部结构特点，本书提出一种新型串并混联拟人机械腿，其中，髋关节采用球面 3-DOF 并联机构，膝关节和踝关节采用 4-DOF 欠驱动并联机构，两种机构串联在一起，发挥了并联机构与串联机构的优点。本章将对这种拟人机械腿的膝关节和踝关节的运动学传递性能、静力学传递性能进行介绍，为这种拟人机械腿的研制提供理论依据。

2.1 方案设计

人体下肢是经过长期的劳动实践进化而来的，是大自然优胜劣汰的结果，具有灵活性高、承载能力强和速度快等特性。其中，腿部是人体的一个重要关节，关系到整个人体的运动性能。因此，拟人机械腿的设计是拟人机器人设计中的一个重要环节[1-4]。

2.1.1 设计思想

人体腿具有强耦合运动特性，主要由髋关节、膝关节和踝关节等部分组成，其中，髋关节是一个典型的球窝关节，它能绕三个基本运动轴转动：绕额状轴 (Z 轴) 可做屈伸运动，绕矢状轴 (X 轴) 可做内收外展运动，绕垂直轴 (Y 轴) 可做内旋外旋运动，还可做环转运动，如图 2.1 所示[5]。图 2.2 分别为坐标系下髋关节的各种运动。髋关节是人体活动范围最大的一种多轴关节，其运动分别由许多肌肉控制，肌肉围绕在髋关节的前方、后方和上方，使髋关节运动的肌肉看起来更像一个并联机构的驱动器[6]，这是一般串联机构很难模拟的。踝关节的运动方式主要是俯仰和侧翻运动，如图 2.3 所示，其运动分别由许多肌肉控制，肌肉围绕在踝关节的前后和左右，类似于一种并联机构的驱动器。膝关节为单转动关节，仅实现空间的一个转动运动，如图 2.4 所示。

球面三自由度并联机构具有三个转动自由度，能够实现类似髋关节的三个转动，其驱动装置安放在固定件的位置上，能够避开运动杆件，就像人体髋关节不必

(a) 屈伸

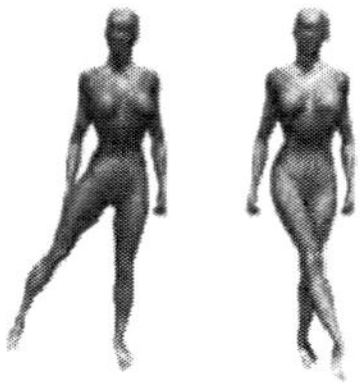

(b) 外展和内收

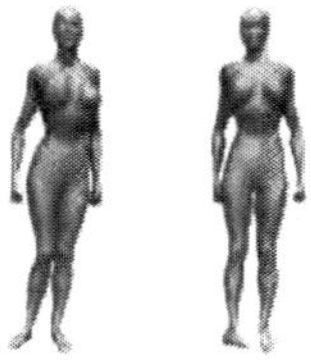

(c) 外旋和内旋

图 2.1　髋关节各运动

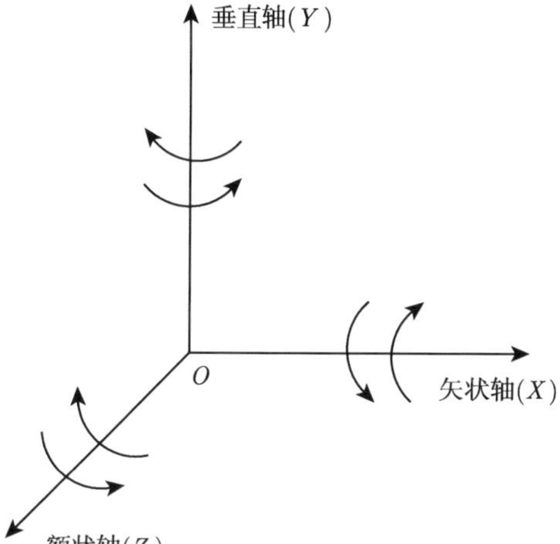

图 2.2　坐标系下的髋关节运动

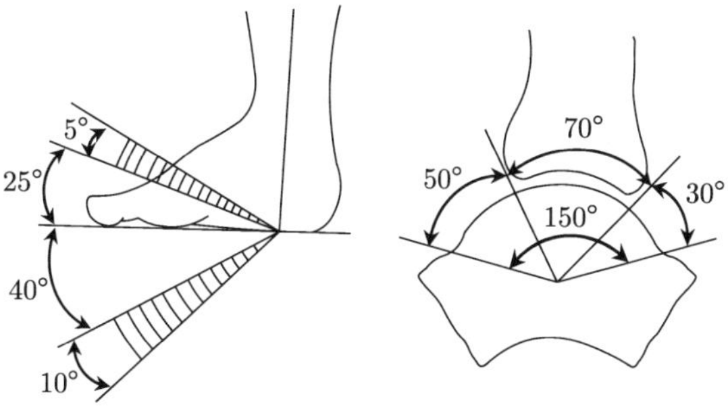

图 2.3　踝关节各运动

承载具有驱动作用的肌肉的重量一样，该机构的运动杆件也不必承载驱动电机的重量。这种球面并联机构具有结构紧凑、承载能力强、动态特性好、运动灵活等优点，避免了传动系统复杂、动态特性差等缺点。因此，球面三自由度并联机构可作为拟人机械腿髋关节的机构原型。

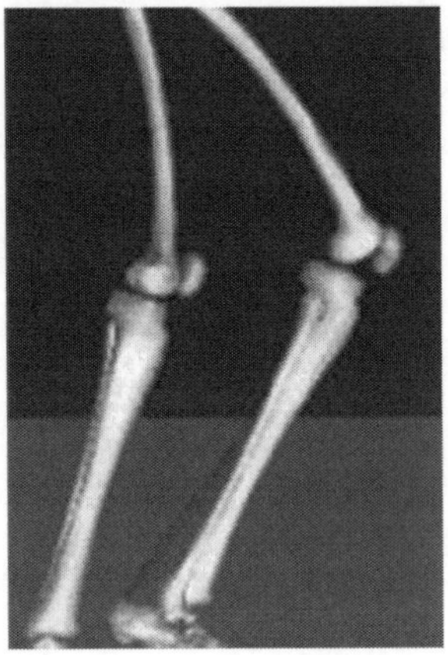

图 2.4　膝关节各运动

本书将介绍一种以四自由度欠驱动并联机构为原型的膝关节和踝关节，如图 2.5 所示。这种拟人机械腿通过三个电机驱动，实现膝关节和踝关节的运动，类似于人体膝关节和踝关节的结构特点。其驱动装置安放在固定件的位置上，该机构的运动杆件不必承载驱动电机的重量，且减少了电机数量，这种四自由度欠驱动并联机构也具有结构简单、承载能力强、动态特性好、运动灵活等优点，避免了传动系统复杂、动态特性差等缺点。因此，四自由度欠驱动并联机构可作为拟人机械腿膝关节和踝关节的机构原型。

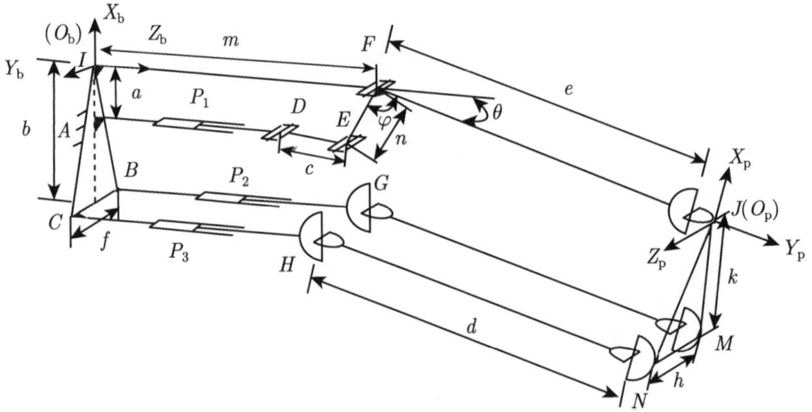

图 2.5　膝关节和踝关节机构简图

2.1.2　髋关节机构原型

髋关节机构以球面三自由度并联机构为机构原型，球面三自由度并联机构的三条运动支链分别由三个转动副串联起来，OC_i、OD_i、$OU_i(i=1, 2, 3)$ 分别为各转动副的轴线，三个运动支链的九个转动副的轴线汇交于空间一点，该交点称为该机构的转动中心，由点 O 表示，从而使该并联机构的所有可动构件上的任意一点都被约束在机构中心至该点的球面上，如图 2.6 所示。

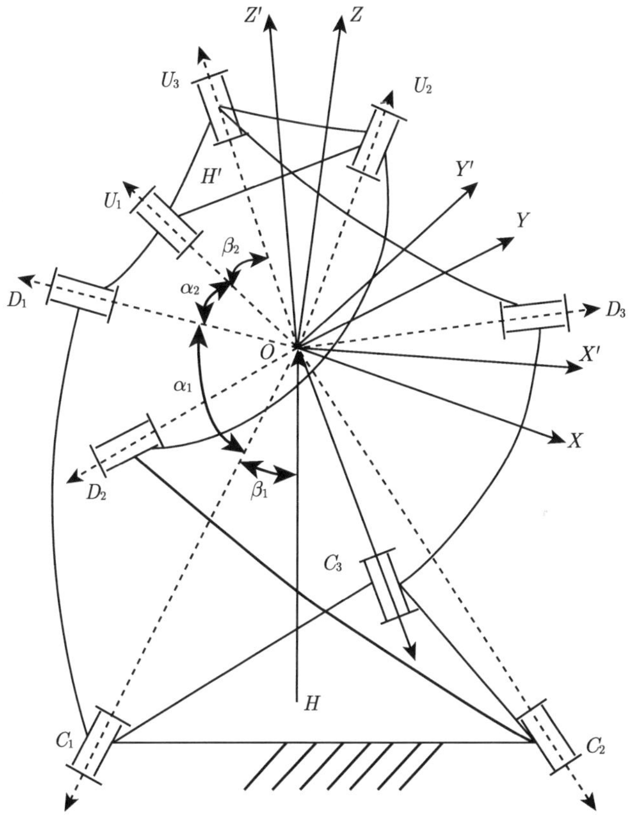

图 2.6　球面三自由度并联机器人的机构简图

(1) 建立固定坐标系 $\{B\}$: $O\text{-}XYZ$，位于固定平台上，坐标系 $\{B\}$ 的 Z 轴过球心 O 点，垂直于下平台，方向垂直向上；坐标系 $\{B\}$ 的 X 轴与 Z 轴和 OC_1 轴所确定的平面相垂直；坐标系 $\{B\}$ 的 Y 轴在 Z 轴和 OC_1 轴所确定的平面内，方向由右手螺旋定则确定。

(2) 动坐标系 $\{P\}$: $O\text{-}X'Y'Z'$，位于运动平台上，坐标系 $\{P\}$ 的 Z' 轴过球心

O 点，垂直于上平台，方向向上；坐标系 $\{P\}$ 的 X' 轴与 Z' 轴和 OU_1 轴所确定的平面相垂直；坐标系 $\{P\}$ 的 Y' 轴在 Z' 轴和 OU_1 轴所确定的平面内，方向由右手螺旋定则确定。当固定坐标系 $\{B\}$ 与动坐标系 $\{P\}$ 重合时，该机构处于初始位姿。这种球面三自由度并联机构的机构参数有四个，即 α_1、α_2、β_1 和 β_2。髋关节机构的运动学分析可参考文献 [7]。

2.1.3 膝关节和踝关节机构原型

膝关节和踝关节机构以一种四自由度欠驱动并联机构为机构原型，如图 2.5 所示，膝关节和踝关节机构采用一种新型并联机构实现其功能。该并联机构采用 2PUU/PRRRU 的结构形式，即动平台通过两条相同的支链 PUU(移动副–胡克铰–胡克铰) 和一条支链 PRRRU(移动副–转动副–转动副–转动副–胡克铰) 与静平台相连。在如图 2.5 所示的机构简图中，三个直线移动副 P_1、P_2、P_3 和转动副 F 均固定在静平台上，移动副 P_1、P_2、P_3 和杆 IF 相互平行，通过移动副 P_1 的移动控制点 J 绕点 F 的转动，实现了膝关节的运动；点 J 与胡克铰相连，约束了面 JMN 绕其法向量的转动，通过移动副 P_2、P_3 的移动控制面 JMN 绕其他两方向的转动，实现了踝关节的运动。

膝关节和踝关节结构的布局特点如下：① 三个直线移动副 P_1、P_2 和 P_3 相互平行；② 三个直线移动副 P_1、P_2 和 P_3 均安装在基座上；③ 当杆 FJ 垂直于面 JMN、平行于杆 FI，且各移动副输入均为零时，这种膝关节和踝关节机构处于初始位姿。移动副 P_1、P_2 和 P_3 的初始长度分别为 $l_i(i=1,2,3)$，Δl_i 分别为各直线移动副的输入位移。

如图 2.5 所示，建立与静平台固连的基坐标系 $\{B\}$：O_b-$X_\mathrm{b}Y_\mathrm{b}Z_\mathrm{b}$，原点 O_b 位于等腰 $\triangle IBC$ 顶点，X_b 轴与 $\triangle IBC$ 中线共线，Z_b 轴垂直于 $\triangle IBC$ 方向指向动平台，Y_b 由右手螺旋定则确定；建立与动平台固连的动坐标系 $\{P\}$：O_p-$X_\mathrm{p}Y_\mathrm{p}Z_\mathrm{p}$，原点 O_p 位于等腰 $\triangle JMN$ 的顶点，X_p 轴与 $\triangle JMN$ 的中线共线，Z_p 轴垂直于 $\triangle JMN$ 方向背向静平台，Y_p 轴由右手螺旋定则确定。

2.2 自由度分析

2.2.1 空间方位角的表示

2.1 节在机构的静、动平台分别建立了基坐标系和动坐标系，在坐标系中描述物体的方位时，可采用 3×3 的方向余弦矩阵或 4×4 的位姿矩阵表示，但是直接用这两种矩阵来描述物体的方向和姿态不是很直观。为了便于描述物体的方位，能够较容易地在人的抽象思维中构成形象并得知空间方向，这里引入欧拉角来描述。

描述动平台 JMN 的位姿，即描述动坐标系 $\{P\}$: $O_{\rm p}$-$X_{\rm p}Y_{\rm p}Z_{\rm p}$ 在基坐标系 $\{B\}$: $O_{\rm b}$-$X_{\rm b}Y_{\rm b}Z_{\rm b}$ 下的方向余弦矩阵。要求解该矩阵，可在动平台的运动过程中先用欧拉角描述其绕各轴的转动，再根据欧拉角的性质求方向余弦矩阵。根据该拟人机械腿的性质，动平台 JMN 只能绕其动坐标系中的 $X_{\rm p}$ 轴和 $Y_{\rm p}$ 轴转动，绕 $Z_{\rm p}$ 轴的转动被约束，为了便于直观描述，这里选用 Y-X-Z 型欧拉角表示平台 JMN 的位姿。

2.2.2　空间机构自由度计算公式

求解一个机构的自由度是对该机构最基本的分析，自由度可通过传统的 Kutzbach-Grübler 公式[8] 计算得到。通过对该拟人机械腿自由度的计算，所得自由度的数值大小可用来论证该机构设计是否符合人体腿部自由度的要求。根据对人体下肢关节的特征分析，膝关节需要一个自由度，踝关节需要两个自由度，因此所设计的拟人机械腿一共需要三个自由度。

随着空间机构的迅速发展，虽然 Kutzbach-Grübler 公式能很好地解决众多平面机构的自由度问题，但对并联机构这种空间多闭环来说，利用传统的 Kutzbach-Grübler 公式常常算不出正确的结果。于是有学者对该公式进行了修正，找出其中被重复计算的过约束。修正的 Kutzbach-Grübler 公式为

$$M = d\,(n-g-1) + \sum_{i=1}^{g} f_i + v-\zeta \tag{2.1}$$

式中，M 表示机构的自由度；d 表示机构的阶数；n 表示包括机架的构件数目；g 表示运动副的数目；f_i 表示第 i 个运动副的自由度；v 表示空间机构在去除公共约束后的冗余约束的数目；ζ 表示该机构中的局部自由度 (通常由观察法得到)。

对 Kutzbach-Grübler 公式的修正需要考虑过约束的影响，其关键是如何分析过约束。于是，国际上有一些学者采用李代数和群论等现代数学方法进行研究。这些研究虽然取得了一些进展，但该方法较难掌握，给其推广应用带来了困难。为了便于分析，黄真等[8] 利用螺旋理论通过 Kutzbach-Grübler 修正公式进行了自由度的计算，使得空间机构问题的自由度计算得到了很好的解决。

求解机械腿并联机构时，可将其视为一种分支中含有闭链的非对称式的空间并联机构。由图 2.5 可知，实现膝关节运动的 PRRRU(移动副–转动副–转动副–转动副–胡克铰) 支链含有一个平面四杆机构，形成一个闭链。由于含有闭环子链，用

公式计算较为复杂，这是因为公共约束和冗余约束较难分析。可以将含有闭环子链的机构转换为一个多自由度的广义运动副进行分析上的简化。因此，首先对由移动副 P_1 和转动副 D、E、F 组成的平面四杆机构进行分析。

同时，为了便于用观察法求解反螺旋，可以选取恰当的分支坐标系来建立 Plücher 螺旋坐标，目的是在旋量的元素中尽可能多地出现 0 或 1。这里，选取分支坐标系 $O_iX_iY_iZ_i$，使其原点 O_i 与转动副 D 中心点重合，Y_i 轴和转动副 D 轴线重合，Z_i 轴与移动副 P_1 运动轴线重合。这样，平面四杆机构的分支运动螺旋系为

$$\begin{aligned}
\boldsymbol{S}_{P_1} &: (0 \quad 0 \quad 1\ ;\ 1 \quad 0 \quad 0) \\
\boldsymbol{S}_{D} &: (0 \quad 1 \quad 0\ ;\ 0 \quad 0 \quad 0) \\
\boldsymbol{S}_{E} &: (0 \quad 1 \quad 0\ ;\ a_1 \quad 0 \quad b_1) \\
\boldsymbol{S}_{F} &: (0 \quad 1 \quad 0\ ;\ a_2 \quad 0 \quad b_2)
\end{aligned} \tag{2.2}$$

式中，a_1、b_1、a_2 和 b_2 为各不相同的实数，在该平面四杆机构的运动过程中，仅 a_1、b_1、a_2 和 b_2 的数值发生变化。

因为四个旋量的 Plücher 坐标中的第一、第三和第五个元素恒为零，说明与其运动变化无关，所以可以通过观察法确定其四个螺旋中有三个反螺旋，分别为

$$\begin{aligned}
\boldsymbol{S}_1^{\mathrm{r}} &: (0 \quad 1 \quad 0\ ;\ 0 \quad 0 \quad 0) \\
\boldsymbol{S}_2^{\mathrm{r}} &: (0 \quad 0 \quad 0\ ;\ 1 \quad 0 \quad 0) \\
\boldsymbol{S}_3^{\mathrm{r}} &: (0 \quad 0 \quad 0\ ;\ 0 \quad 0 \quad 1)
\end{aligned} \tag{2.3}$$

该平面四杆子链机构有三个反螺旋，因此有三个公共约束，则该子链机构的阶数为 $d = 6 - 3 = 3$，此外，v 和 ζ 均为 0。根据式 (2.1)，该平面四杆子链机构的自由度为

$$M = 3 \times (4 - 4 - 1) + 4 = 1 \tag{2.4}$$

同时，求解的反螺旋给出了公共约束的性质。$\boldsymbol{S}_1^{\mathrm{r}}$ 是沿 Y_i 轴方向的约束力，限制了沿 Y_i 轴方向的移动，$\boldsymbol{S}_2^{\mathrm{r}}$ 和 $\boldsymbol{S}_3^{\mathrm{r}}$ 分别为绕 X_i 轴和 Z_i 轴的约束力偶，分别限制绕 X_i 轴和 Z_i 轴的转动。

根据分析的情况，平面四杆子链机构可看作受 $\boldsymbol{S}_1^{\mathrm{r}}$、$\boldsymbol{S}_2^{\mathrm{r}}$ 和 $\boldsymbol{S}_3^{\mathrm{r}}$ 公共约束的一个自由度广义运动副。在这条支链上，该广义运动副与一个胡克铰相连接，由胡克铰的特点可知，其能实现两个垂直轴线方向的转动，FJ 轴线方向的转动被约束，该约

束记为 $\boldsymbol{S}_4^{\mathrm{r}}$。结合平面四杆子链机构的约束，$\boldsymbol{S}_4^{\mathrm{r}}$ 为 $\boldsymbol{S}_2^{\mathrm{r}}$ 和 $\boldsymbol{S}_3^{\mathrm{r}}$ 的线性组合，这样，$\boldsymbol{S}_4^{\mathrm{r}}$ 为 PRRRU(移动副–转动副–转动副–转动副–胡克铰) 支链的一个约束。

取 PUU(移动副–胡克铰–胡克铰) 的两条对称支链进行分析，因为结构相同，所以分析一条即可，现取移动副 P_3 和胡克铰 H、N 组成的支链分析。因为两个胡克铰 H、N 限制了绕其轴线的转动，将该约束力偶记为 $\boldsymbol{S}_5^{\mathrm{r}}$。又因为移动副 P_3 上存在沿 X_{b} 轴、Y_{b} 轴和 Z_{b} 轴的约束力偶，$\boldsymbol{S}_5^{\mathrm{r}}$ 为这些约束力偶的线性组合，所以 $\boldsymbol{S}_5^{\mathrm{r}}$ 为 PUU 支链的一个约束。同理，另一条 PUU 支链的约束记为 $\boldsymbol{S}_6^{\mathrm{r}}$，为沿轴线 G 和 M 方向的约束力偶。

综上分析，$\boldsymbol{S}_4^{\mathrm{r}}$、$\boldsymbol{S}_5^{\mathrm{r}}$ 和 $\boldsymbol{S}_6^{\mathrm{r}}$ 分别为三条支链的约束螺旋，且都是约束力偶。根据拟人机械腿机构简图 (图 2.5) 可知，轴线 FJ、HN 和 GM 不可能出现两两正交的情况，则 $\boldsymbol{S}_4^{\mathrm{r}}$、$\boldsymbol{S}_5^{\mathrm{r}}$ 和 $\boldsymbol{S}_6^{\mathrm{r}}$ 三个旋量相关，每个旋量都可以分解出垂直于动平台 JMN 的分量。这个垂直于动平台 JMN 的共同分量，即该机构的公共约束，数量为 1。因此，该并联机构的阶数为 $d = 6 - 1 = 5$，v 和 ζ 均为 0。

由式 (2.1) 可知，平面四杆子链机构可看作一个自由度的广义运动副，该机构的自由度为

$$M = 5 \times (12 - 13 - 1) + 13 = 3$$

计算得到该并联拟人机械腿的自由度为 3，符合人体膝关节和踝关节的自由度要求。同时，采用三个电机驱动，可以得到机构确定的运动，符合机构的控制要求。在自由度这一点上，论证了该机构设计的正确性。

2.3　位 置 分 析

机构的位置分析指求解机构的输入构件与输出构件之间的位姿关系的过程，是机构运动分析的基本任务，也是机构应用的基础[8-10]。本节仅对膝关节和踝关节机构的位置分析进行研究。

2.3.1　位置反解

位置反解是在已知输出机构的位姿时，求解输入机构的位姿的驱动量。拟人机械腿机构的结构尺寸参数在图 2.5 中标出。

由这种机构的布局特点可知，点 A、B、C、D、E、F、H 和 G 在基坐标系 $\{B\}$ 中的位置矢量为

$$\left\{\begin{array}{l}\boldsymbol{A}_{\mathrm{b}}=(-a \quad 0 \quad 0)^{\mathrm{T}} \\ \boldsymbol{B}_{\mathrm{b}}=(-b \quad -f/2 \quad 0)^{\mathrm{T}} \\ \boldsymbol{C}_{\mathrm{b}}=(-b \quad f/2 \quad 0)^{\mathrm{T}} \\ \boldsymbol{D}_{\mathrm{b}}=(-a \quad 0 \quad l_1+\Delta l_1)^{\mathrm{T}} \\ \boldsymbol{E}_{\mathrm{b}}=(n\sin(\theta-\varphi) \quad 0 \quad m+n\cos(\theta-\varphi))^{\mathrm{T}} \\ \boldsymbol{F}_{\mathrm{b}}=(0 \quad 0 \quad m)^{\mathrm{T}} \\ \boldsymbol{G}_{\mathrm{b}}=(-b \quad -f/2 \quad l_2+\Delta l_2)^{\mathrm{T}} \\ \boldsymbol{H}_{\mathrm{b}}=(-b \quad f/2 \quad l_3+\Delta l_3)^{\mathrm{T}}\end{array}\right. \tag{2.5}$$

式中，θ 为杆 FJ 绕点 F 的转角，逆时针为正，顺时针为负。

M 和 N 在动坐标系 $\{P\}$ 中的位置矢量为

$$\left\{\begin{array}{l}\boldsymbol{M}_{\mathrm{p}}=(-\sqrt{k^2-h^2/4} \quad -h/2 \quad 0)^{\mathrm{T}} \\ \boldsymbol{N}_{\mathrm{p}}=(-\sqrt{k^2-h^2/4} \quad h/2 \quad 0)^{\mathrm{T}}\end{array}\right. \tag{2.6}$$

M 和 N 在基坐标系 $\{B\}$ 中的位置矢量为

$$\left\{\begin{array}{l}\boldsymbol{M}_{\mathrm{b}}=\boldsymbol{T}\boldsymbol{M}_{\mathrm{p}}+\boldsymbol{O}_{\mathrm{pb}} \\ \boldsymbol{N}_{\mathrm{b}}=\boldsymbol{T}\boldsymbol{N}_{\mathrm{p}}+\boldsymbol{O}_{\mathrm{pb}}\end{array}\right. \tag{2.7}$$

式中，$\boldsymbol{T}$[8] 为转换矩阵；$\boldsymbol{O}_{\mathrm{pb}}$ 为点 O_{p} 在基坐标系 $\{B\}$ 下的位置矢量。

转换矩阵 $\boldsymbol{T}$ 用 Y-X-Z 型欧拉角表示，即让动坐标系 $\{P\}$ 与基坐标系 $\{B\}$ 重合，动坐标系先绕 Y_{p} 轴旋转 α 角，再绕 X_{p} 轴旋转 β 角，最后绕 Z_{p} 轴旋转 γ 角，从而到达最终的姿态。由机构的布局特点可知，动坐标系原点 O_{p} 始终在平面 O_{b}-$X_{\mathrm{b}}Z_{\mathrm{b}}$ 内运动，动坐标系不能绕 Z_{p} 轴旋转，则动坐标系 $\{P\}$ 在基坐标系 $\{B\}$ 下的位置矢量 $\boldsymbol{O}_{\mathrm{pb}}$ 和转换矩阵 $\boldsymbol{T}$ 为

$$\boldsymbol{O}_{\mathrm{pb}}=(x \quad y \quad z)^{\mathrm{T}}=(x \quad 0 \quad z)^{\mathrm{T}}=(e\sin\theta \quad 0 \quad m+e\cos\theta)^{\mathrm{T}} \tag{2.8}$$

$$\boldsymbol{T}=\begin{bmatrix}\mathrm{c}\alpha & 0 & \mathrm{s}\alpha \\ 0 & 1 & 0 \\ -\mathrm{s}\alpha & 0 & \mathrm{c}\alpha\end{bmatrix}\begin{bmatrix}1 & 0 & 0 \\ 0 & \mathrm{c}\beta & -\mathrm{s}\beta \\ 0 & \mathrm{s}\beta & \mathrm{c}\beta\end{bmatrix}=\begin{bmatrix}\mathrm{c}\alpha & \mathrm{s}\alpha\mathrm{s}\beta & \mathrm{s}\alpha\mathrm{c}\beta \\ 0 & \mathrm{c}\beta & -\mathrm{s}\beta \\ -\mathrm{s}\alpha & \mathrm{c}\alpha\mathrm{s}\beta & \mathrm{c}\alpha\mathrm{c}\beta\end{bmatrix} \tag{2.9}$$

式中，s 表示 sin；c 表示 cos。

将式 (2.8) 和式 (2.9) 代入式 (2.7) 可得

$$
\left\{\begin{array}{l}
\boldsymbol{M}_{\mathrm{p}}=\left\{\begin{array}{l}
e\sin\theta-\sqrt{k^2-h^2/4}\cos\alpha-(h/2)\sin\alpha\sin\beta\\
-(h/2)\cos\beta\\
m+\sqrt{k^2-h^2/4}\sin\alpha+e\cos\theta-(h/2)\cos\alpha\sin\beta
\end{array}\right.\\
\boldsymbol{N}_{\mathrm{p}}=\left\{\begin{array}{l}
e\sin\theta-\sqrt{k^2-h^2/4}\cos\alpha+(h/2)\sin\alpha\sin\beta\\
(h/2)\cos\beta\\
m+\sqrt{k^2-h^2/4}\sin\alpha+e\cos\theta+(h/2)\cos\alpha\sin\beta
\end{array}\right.
\end{array}\right. \tag{2.10}
$$

杆 ED、GM 和 HN 为刚性体，因此其杆长固定不变，由其几何关系可得

$$
\left\{\begin{array}{ll}
(\boldsymbol{E}_{\mathrm{b}}-\boldsymbol{D}_{\mathrm{b}})^{\mathrm{T}}(\boldsymbol{E}_{\mathrm{b}}-\boldsymbol{D}_{\mathrm{b}})=c^2 & (2.11\mathrm{a})\\
(\boldsymbol{M}_{\mathrm{b}}-\boldsymbol{G}_{\mathrm{b}})^{\mathrm{T}}(\boldsymbol{M}_{\mathrm{b}}-\boldsymbol{G}_{\mathrm{b}})=d^2 & (2.11\mathrm{b})\\
(\boldsymbol{N}_{\mathrm{b}}-\boldsymbol{H}_{\mathrm{b}})^{\mathrm{T}}(\boldsymbol{N}_{\mathrm{b}}-\boldsymbol{H}_{\mathrm{b}})=d^2 & (2.11\mathrm{c})
\end{array}\right.
$$

由式 (2.5) 和式 (2.11) 可得这种机构的位置反解为

$$
\left\{\begin{array}{l}
\Delta l_1=\eta_1-\lambda_1\\
\Delta l_2=\eta_2-\lambda_2\\
\Delta l_3=\eta_3-\lambda_3
\end{array}\right. \tag{2.12}
$$

式中，

$$
\begin{aligned}
&\eta_1=m+n\cos(\theta-\varphi)-l_1\\
&\lambda_1=\sqrt{c^2-[a+n\sin(\theta-\varphi)]^2}\\
&\eta_2=m+\sqrt{k^2-h^2/4}\sin\alpha+e\mathrm{cos}\theta-(h/2)\cos\alpha\sin\beta-l_2\\
&\lambda_2=\sqrt{d^2-[b+e\sin\theta-\sqrt{k^2-h^2/4}\cos\alpha-(h/2)\sin\alpha\sin\beta]^2-\left[\frac{f}{2}-(h/2)\cos\beta\right]^2}\\
&\eta_3=m+\sqrt{k^2-h^2/4}\sin\alpha+e\cos\theta+(h/2)\cos\alpha\sin\beta-l_3\\
&\lambda_3=\sqrt{d^2-[b+e\sin\theta-\sqrt{k^2-h^2/4}\cos\alpha+(h/2)\sin\alpha\sin\beta]^2-\left[\frac{f}{2}-(h/2)\cos\beta\right]^2}
\end{aligned}
$$

2.3.2 位置正解

已知输入构件的位姿，求解输出构件的位姿，称为位置正解。当这种机构的三个输入位移 Δl_i (i=1,2,3) 已知时，由式 (2.11) 可得

$$
K_1\sin(\varphi-\pi/2-\theta)+K_2\cos(\varphi-\pi/2-\theta)=K_3 \tag{2.13}
$$

式中，

$$\begin{cases} K_1 = -2n\left(m - l_1 - \Delta l_1\right) \\ K_2 = -2an \\ K_3 = c^2 - a^2 - \left(m - l_1 - \Delta l_1\right)^2 - n^2 \end{cases} \tag{2.14}$$

由式 (2.13) 可得

$$\theta = \arctan\left(\pm\sqrt{1 - K_4^2}, K_4\right) - \arctan\left(K_1, K_2\right), \quad 0 \leqslant \theta \leqslant \pi/2 \tag{2.15}$$

由式 (2.15) 可得参考点 J 的位置坐标为

$$\begin{cases} x = 0 \\ y = m + e\cos\theta \\ z = e\sin\theta \end{cases} \tag{2.16}$$

由式 (2.11b) 和式 (2.11c)，可得

$$\begin{cases} \left(-\dfrac{h\cos\alpha}{2} - M_1\sin\alpha\sin\beta - \dfrac{f}{2}\right)^2 + \left(M_1\cos\alpha\sin\beta - M_2\right)^2 + \left(-M_1\cos\beta + b\right)^2 = d^2 \\ \left(\dfrac{h\cos\alpha}{2} - M_1\sin\alpha\sin\beta + \dfrac{f}{2}\right)^2 + \left(M_1\cos\alpha\sin\beta - M_3\right)^2 + \left(-M_1\cos\beta + b\right)^2 = d^2 \end{cases} \tag{2.17}$$

式中，

$$\begin{cases} M_1 = \sqrt{k^2 - h^2/4} \\ M_2 = l_3 - \Delta l_3 \\ M_3 = l_2 - \Delta l_2 \end{cases} \tag{2.18}$$

式 (2.18) 是关于 α 和 β 的方程。设 $x'=\tan\left(\alpha/2\right)$，$y'=\tan\left(\beta/2\right)$，则有

$$\begin{cases} \sin\alpha = 2x'/\left(1 + x'^2\right) \\ \cos\alpha = \left(1 - x'^2\right)/\left(1 + x'^2\right) \\ \sin\beta = 2y'/\left(1 + y'^2\right) \\ \cos\beta = \left(1 - y'^2\right)/\left(1 + y'^2\right) \end{cases} \tag{2.19}$$

将式 (2.19) 代入式 (2.17) 中，可得

$$\begin{cases} T_{11}x'^4 + T_{12}x'^3 + T_{13}x'^2 + T_{14} = 0 \\ T_{21}y'^4 + T_{22}y'^3 + T_{23}y'^2 + T_{24} = 0 \end{cases} \tag{2.20}$$

式中，T_{11}、T_{12}、T_{13} 和 T_{14} 分别是关于 a、b、c、d、e、f、h、k、m、n 和 y' 的表达式；T_{21}、T_{22}、T_{23} 和 T_{24} 分别是关于 a、b、c、d、e、f、h、k、m、n 和 x' 的表达式。

采用数值解迭代方法对方程组 (2.20) 求解，可得 x' 和 y' 的数值解，相应的 α 和 β 值也可求得。同时考虑其构件之间的干涉情况及输出运动的连续性[11]，便可以确定其位置正解是唯一的。

2.3.3 算例

设这种膝关节和踝关节机构的结构尺寸参数如下：a=150mm，b=300mm，c=150mm，d=440mm，e=440mm，f=300mm，h=300mm，k=320mm，m=440mm，n=180mm，l_1=200mm，l_2=440mm，l_3=440mm，φ=120°。综合式 (2.5)~式 (2.20)，借助 MATLAB 软件，计算输入和输出的部分数据，如表 2.1 所示。表中前八列为反解的部分数据，由式 (2.13)~式 (2.20) 可得到正解的部分数据，表中后五列为正解的部分数据。

从表 2.1 可以看出，膝关节和踝关节机构的正反解具有统一性。当这种膝关节和踝关节机构取相同的结构参数时，应用 ADAMS 软件计算的输入与输出的部分数据如表 2.2 所示。通过上述比较分析，理论计算与 ADAMS 建模计算的数据基本相同，也说明这种膝关节和踝关节机构的位置正反解正确。

表 2.1　正反解的部分数据

			反解数据					正解数据				
Δl_1/mm	Δl_2/mm	Δl_3/mm	X/mm	Y/mm	Z/mm	α/(°)	β/(°)	X/mm	Y/mm	Z/mm	α/(°)	β/(°)
2.5081	0	0	0	880	0	0	0	0	879.8345	0.1023	0.0383	0.0502
101.4575	0.1137	0.1137	0	821	220	0	0	0	821.3211	220.0891	0.0213	0.0991
170.3536	0	0	0	751	311	0	0	0	751.0103	311.2301	0.0891	0.0102
282.1397	0	0	0	660	381	0	0	0	660.8537	381.0257	0.0098	0.0391
2.5081	51.3787	51.4724	0	880	0	10	10	0	880.0013	0.0069	10.0567	9.9981
282.1397	0.0118	0.0118	0	660	381	10	0	0	660.9105	381.0092	10.0689	0.0093

表 2.2　ADAMS 软件计算的输入与输出的部分数据

Δl_1/mm	Δl_2/mm	Δl_3/mm	X/mm	Y/mm	Z/mm	α/(°)	β/(°)
2.4993	0.0015	0.0609	0	880	0	0.0011	0.0605
101.4439	0.1049	0.1049	0	821	220	0.0907	0.0876
170.3427	0.0108	0.0291	0	751	311	0.0031	0.0067
282.1004	0.0066	0.0081	0	660	381	0.0033	0.0321
2.4995	51.3279	51.4801	0	880	0	10.0059	10.0197
282.1004	0.0102	0.0102	0	660	381	10.3276	0.1096

2.4　工作空间分析

工作空间分析[12-15] 是并联机构运动学设计中的重要内容，涉及在已知机构尺度参数和铰链约束条件下确定动平台的可达位姿。本节在膝关节和踝关节机构的位置反解的基础上，采用搜索法，并考虑其工作空间的主要影响因素，借助 MATLAB 工具绘制其工作空间截面图，分析各设计参数对工作空间大小的影响情况，为膝关节和踝关节机构的设计与应用提供理论依据。

2.4.1　结构约束分析

考虑该机构的布局特点，并联机构的动、静平台之间没有法向的相对转动，三个运动支链不会发生杆件的干涉，只需进行胡克铰的转角约束分析和直线移动副的长度约束分析。

记 θ_G、θ_H 分别为杆 BG 与杆 GM、杆 CH 与杆 HN 之间的夹角，θ_M、θ_N、θ_I 分别为杆 GM、杆 HN、杆 FJ 与面 JMN 之间的夹角，则

$$\begin{cases}\theta_G=\arccos\dfrac{\boldsymbol{z}_{\rm b}\cdot\boldsymbol{l}_{GM}}{|\boldsymbol{l}_{GM}|}\\\theta_H=\arccos\dfrac{\boldsymbol{z}_{\rm b}\cdot\boldsymbol{l}_{HN}}{|\boldsymbol{l}_{HN}|}\\\theta_M=\arccos\dfrac{\boldsymbol{z}_{\rm p}\cdot\boldsymbol{l}_{GM}}{|\boldsymbol{l}_{GM}|}\\\theta_N=\arccos\dfrac{\boldsymbol{z}_{\rm p}\cdot\boldsymbol{l}_{HN}}{|\boldsymbol{l}_{HN}|}\\\theta_J=\arccos\dfrac{\boldsymbol{z}_{\rm p}\cdot\boldsymbol{l}_{FJ}}{|\boldsymbol{l}_{FJ}|}\end{cases}\tag{2.21}$$

胡克铰的最大转角为 $\theta_{\max}$，最小转角为 $\theta_{\min}$，受胡克铰的转角限制，这种机构的转角约束为

$$\theta_{\max}\leqslant\theta_i\leqslant\theta_{\max},\quad i=G,H,M,N,J\tag{2.22}$$

设三个直线移动副 P_1、P_2 和 P_3 的输入位移的最大值和最小值分别为 $l_{i\max}$ 和 $l_{i\min}(i=1,2,3)$，则直线移动副的长度约束为

$$l_{i\min}\leqslant l_i\leqslant l_{i\max}\tag{2.23}$$

2.4.2　工作空间形状分析

空间机构的工作空间一直是国际上研究的热点，工作空间的分析是空间机构运动学分析与设计的主要内容，也是空间机构的主要性能指标之一。工作空间是指

在已知尺寸和关节变量范围条件下，末端执行器上某一给定参考点可以到达的点的集合。在机器人学中，根据机器人参考点的运动特点，将工作空间分为定姿态工作空间和灵活工作空间。定姿态工作空间是指在给定位姿下操作器参考点可以到达的所有点的集合，灵活工作空间是指操作器参考点可以从任何方向到达的点的集合。这种膝关节和踝关节机构参考点的位置工作空间为空间一条轨迹曲线，本节将介绍膝关节和踝关节机构的位置工作空间和灵活工作空间，图 2.7 为其灵活工作空间的计算程序流程图。

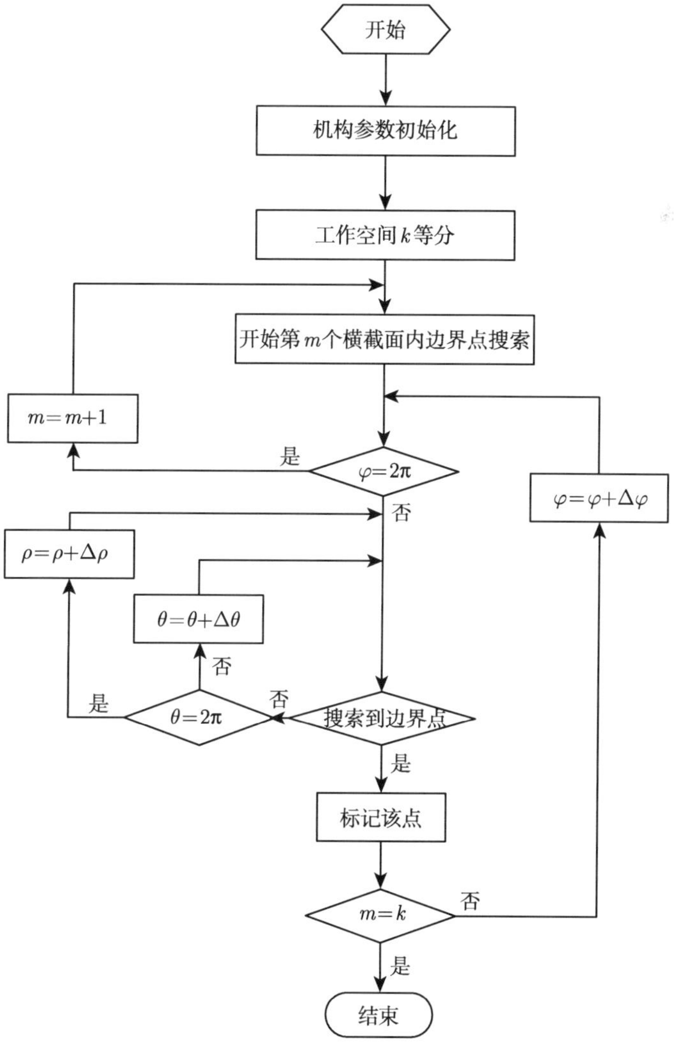

图 2.7　机构工作空间计算程序流程图

设这种膝关节和踝关节机构的结构尺寸参数如下：a=150mm，b=300mm，c=150mm，d=440mm，e=440mm，f=300mm，h=300mm，k=320mm，m=440mm，n=180mm，l_1=200mm，l_2=440mm，l_3=440mm，φ=120°，$\theta_{G\max}=\theta_{H\max}=\theta_{M\max}=\theta_{N\max}=\theta_{J\max}$=40°，$l_{1\max}=l_{2\max}=l_{3\max}$=200mm，$l_{1\min}=l_{2\min}=l_{3\min}=-150$mm。综合式 (2.5)~式 (2.23)，绘制了位置工作空间，如图 2.8 所示。在位置工作空间内，用搜索法绘制出 α 和 β 的定位置工作空间的截面形状，如图 2.9 所示。

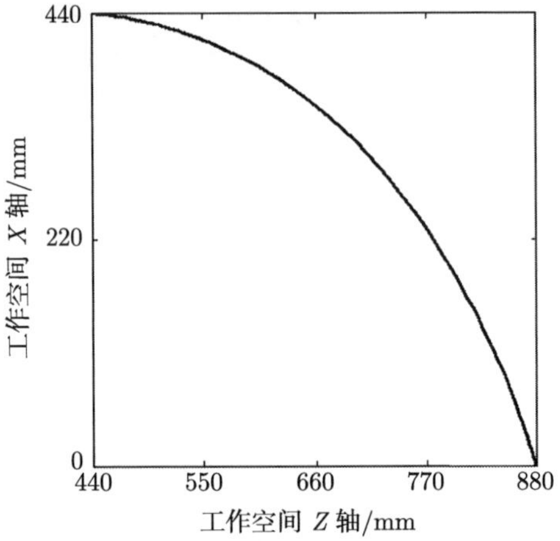

图 2.8　参考点的位置工作空间形状

参考点的位置工作空间形状如图 2.8 所示，可知膝关节和踝关节机构参考点的位置工作空间为一条四分之一圆弧。定位置工作空间的截面形状如图 2.9 所示，从中可得以下结论：

(1) 当 Y=880mm、Z=0mm 时，其姿态工作空间截面最大。

(2) 随着 Z 的增加，其姿态工作空间的截面逐渐变小。

(3) 当 Y=440mm、Z=440mm 时，根本没有工作空间。

(4) 其姿态工作空间关于 α 轴对称分布。

综上分析，可得到以下结论：

(1) 机构本身结构尺寸和约束决定姿态工作空间和位置工作空间的形状，该形状的部分特性反映在 θ 的实际取值范围上。

(2) 采用 θ 角作为分析姿态工作空间和位置工作空间的中间变量，可以把两者紧密地结合在一起，只要在实际取值范围给出 θ 值，就可得到该状态下运动平台参考点 O_p 的位置和角 α、β 的运动范围。

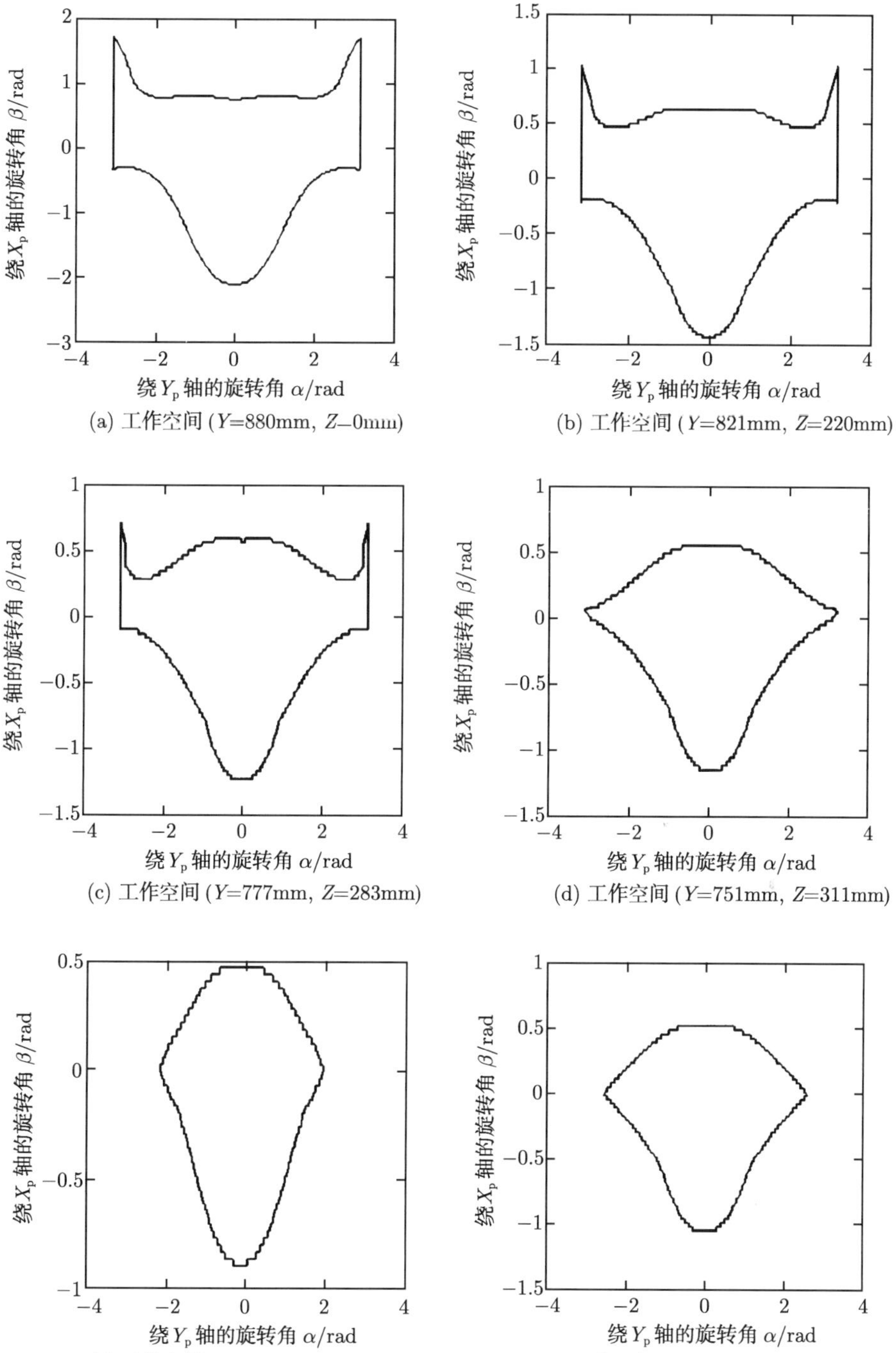

(a) 工作空间 (Y=880mm, Z=0mm)

(b) 工作空间 (Y=821mm, Z=220mm)

(c) 工作空间 (Y=777mm, Z=283mm)

(d) 工作空间 (Y=751mm, Z=311mm)

(e) 工作空间 (Y=660mm, Z=381mm)

(f) 工作空间 (Y=723mm, Z=337mm)

图 2.9　定位置工作空间的截面形状

2.4.3 设计参数对工作空间的影响

为了能直观表征拟人膝关节和踝关节机构的结构几何参数对工作空间大小的影响情况，这里把以一定步长搜索得到的点数的多少作为工作空间大小[16,17] (work space value, WSV) 的评价指标。

膝关节和踝关节机构的位置工作空间为一条曲线，因此本节主要讨论各结构参数对姿态工作空间的影响情况。设各结构参数分别取 a=150mm，b=300mm，c=150mm，d=440mm，e=440mm，f=300mm，h=300mm，k=320mm，m=440mm，n=180mm，l_1=200mm，l_2=440mm，l_3=440mm，φ=120° 时工作空间的 WSV 为基准值 W_0，则工作空间大小的相对值 (work space relative value, WSRV) 可以定义为

$$\text{WSRV} = \frac{\text{WSV}}{W_0} \times 100\% \tag{2.24}$$

由式 (2.12) 可知，各结构参数对工作空间大小的影响规律。表 2.3~表 2.5 列出了各结构参数分别取不同值时 WSV 和 WSRV 的计算值，其搜索范围为 $-180° \leqslant \alpha \leqslant 180°$，$-180° \leqslant \beta \leqslant 180°$，步长 $\Delta\alpha = \Delta\beta = \Delta\gamma = 5°$，如图 2.10 所示。由图可知，设计参数 a、c、e 和 m 对姿态工作空间的大小没有影响，仅对位置工作空间的曲率半径有影响。设计参数 b、d、f 和 h 对姿态工作空间的影响较大，对位置工作空间的影响较小。

表 2.3　b 取不同值时的 WSV 和 WSRV

工作空间指标	b/mm							
	0	50	150	200	250	300	350	400
WSV	40401	34961	14285	11269	9527	8309	7412	6677
WSRV/%	2.8282	2.4474	1.0000	0.7889	0.6669	0.5817	0.5189	0.4674

表 2.4　d 取不同值时的 WSV 和 WSRV

工作空间指标	d/mm							
	300	400	450	500	550	600	700	800
WSV	2687	9963	15307	20616	28400	34299	23603	10384
WSRV/%	0.1881	0.6974	1.0715	1.4432	1.9881	2.4011	1.6523	0.7269

表 2.5　f 和 h 取不同值时的 WSV 和 WSRV

工作空间指标	f、h/mm							
	0	50	100	150	200	250	300	350
WSV	18321	18170	17847	17293	16529	15508	14285	12856
WSRV/%	1.2825	1.2720	1.2494	1.2106	1.1571	1.0856	1.0000	0.9000

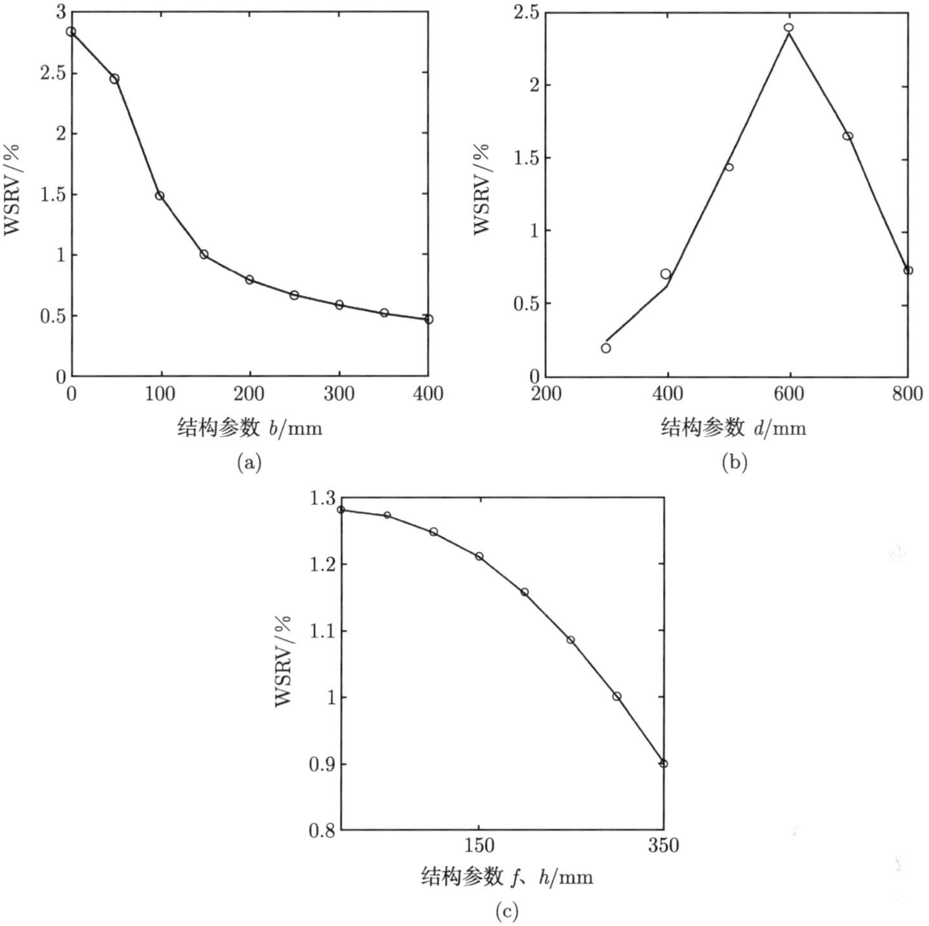

图 2.10　结构参数 b、d、f 和 h 对工作空间大小的影响

2.5　运动学性能分析

机构运动学分析[18-26] 是揭示机构运动本质的手段，也是机构其他性能分析的基础。由于速度运动学能直接用于微分运动，Ropponen 和 Arai 已经将它用于关节的精度分析[27]。雅可比矩阵反映了机构运动学的输入输出关系，可以从雅可比矩阵入手，深入分析机构的一些性能，如奇异性、驱动空间与工作空间的映射、灵活度、各向同性及可操作度等。

本节在膝关节和踝关节机构的位置反解的基础上，先用矢量法建立运动学传递方程，推导速度雅可比矩阵，并对其进行矩阵分析，找出影响运动学的因素；然后在矩阵分析的基础上定义雅可比矩阵的条件数和可操作度作为机械腿的运动学性能指标，利用 MATLAB 软件在工作空间内对各性能指标的分布规律情况进行仿真；最后对仿真结果进行分析，为这种膝关节和踝关节机构的精度研究、样机设计、运动学补偿及其应用提供理论依据。

2.5.1　雅可比矩阵的求解

设 $\boldsymbol{V}=(V_x\quad V_y\quad V_z)^{\mathrm{T}}$ 为动平台上的参考点 O_{p} 在基坐标系 $\{B\}$(以下无特殊说明均表示在该坐标系下定义) 中的速度矢量，$\boldsymbol{\omega}=(\omega_x\quad \omega_y\quad \omega_z)^{\mathrm{T}}$ 为动平台的角速度矢量，$V_i\ (i=1,2,3)$ 分别为移动副 $P_i(i$=1,2,3) 的输入速度。

根据 O-O_{p} 支链的结构特点，用 $\boldsymbol{V}_D$ 表示铰链 D 点的速度矢量，即

$$\boldsymbol{V}_D=(0\quad 0\quad V_1)^{\mathrm{T}} \tag{2.25}$$

用$\boldsymbol{\omega}_F$ 表示杆 EFJ 绕铰链 F 点转动的角速度矢量，即

$$\boldsymbol{\omega}_F=(0\quad \omega_F\quad 0)^{\mathrm{T}} \tag{2.26}$$

式中，ω_F 为杆 EFJ 绕铰链 F 点转动的角速度。

用 $\boldsymbol{V}_E$ 表示铰链 E 点的速度矢量，有

$$\begin{cases} \boldsymbol{V}=\boldsymbol{r}_{FJ}\times\boldsymbol{\omega}_F \\ \boldsymbol{V}_E=\boldsymbol{r}_{FE}\times\boldsymbol{\omega}_F \end{cases} \tag{2.27}$$

式中，$\boldsymbol{r}_{FJ}$ 和 $\boldsymbol{r}_{FE}$ 分别为铰链点 F 到铰链点 J 和 E 的矢量。

根据刚性杆件不可伸长原理，可得

$$\boldsymbol{V}_E\cdot\boldsymbol{r}_{DE}=\boldsymbol{V}_D\cdot\boldsymbol{r}_{DE} \tag{2.28}$$

式中，$\boldsymbol{r}_{DE}$ 为铰链点 D 到铰链点 E 的矢量。

由铰链各点的位置矢量关系，可得

$$\begin{cases} \boldsymbol{r}_{FJ}=(e\sin\theta\quad 0\quad e\cos\theta)^{\mathrm{T}} \\ \boldsymbol{r}_{FE}=(n\sin(\theta-\varphi)\quad 0\quad n\cos(\theta-\varphi))^{\mathrm{T}} \\ \boldsymbol{r}_{DE}=(n\sin(\theta-\varphi)+a\quad 0\quad m+n\cos(\theta-\varphi)-l_1-\Delta l_1)^{\mathrm{T}} \end{cases} \tag{2.29}$$

综合式 (2.25)~式 (2.29)，可得

$$\begin{cases} V_x=\tau V_1\cos\theta \\ V_y=0 \\ V_z=-\tau V_1\sin\theta \end{cases} \tag{2.30}$$

式中，$\tau=\dfrac{e\left\{\sin(\theta-\varphi)\left[n\sin(\theta-\varphi)+a\right]-\cos(\theta-\varphi)\left[m+n\cos(\theta-\varphi)-l_1-\Delta l_1\right]\right\}}{n\left[m+n\cos(\theta-\varphi)-l_1-\Delta l_1\right]}$。

根据支链 B-M 和 C-N 的结构特点，用 $\boldsymbol{V}_G$ 和 $\boldsymbol{V}_H$ 表示铰链 G 和 H 点的速度矢量，即

$$\begin{cases}\boldsymbol{V}_D=(0\quad 0\quad V_2)^{\mathrm{T}}\\ \boldsymbol{V}_E=(0\quad 0\quad V_3)^{\mathrm{T}}\end{cases}\tag{2.31}$$

用 $\boldsymbol{V}_M$ 和 $\boldsymbol{V}_N$ 表示铰链 M 和 N 点的速度矢量，即

$$\begin{cases}\boldsymbol{V}_M=\boldsymbol{V}+\boldsymbol{r}_{JM}\times\boldsymbol{\omega}\\ \boldsymbol{V}_N=\boldsymbol{V}+\boldsymbol{r}_{JN}\times\boldsymbol{\omega}\end{cases}\tag{2.32}$$

式中，$\boldsymbol{r}_{JM}$ 和 $\boldsymbol{r}_{JN}$ 分别为铰链点 J 到铰链点 M 和 N 的矢量。

根据刚性杆件不可伸长原理，有

$$\begin{cases}\boldsymbol{V}_M\cdot\boldsymbol{r}_{GM}=\boldsymbol{V}_G\cdot\boldsymbol{r}_{GM}\\ \boldsymbol{V}_N\cdot\boldsymbol{r}_{HN}=\boldsymbol{V}_H\cdot\boldsymbol{r}_{HN}\end{cases}\tag{2.33}$$

式中，$\boldsymbol{r}_{GM}$ 和 $\boldsymbol{r}_{HN}$ 分别为铰链点 G 到点 M 和铰链点 H 到点 N 的矢量。

用 $\boldsymbol{\omega}_{\mathrm{p}}=(\omega_x\quad\omega_y\quad 0)^{\mathrm{T}}$ 表示动平台在动坐标系 $\{P\}$ 中的角速度矢量，根据其位置特点有

$$\boldsymbol{\omega}=\boldsymbol{T}\boldsymbol{\omega}_{\mathrm{p}}\tag{2.34}$$

式中，$\boldsymbol{T}$ 为转换矩阵。

根据式 (2.32)~式 (2.34) 可推导出：

$$\begin{bmatrix}(\boldsymbol{r}_{JM}\times\boldsymbol{r}_{GM})^{\mathrm{T}}\\(\boldsymbol{r}_{JN}\times\boldsymbol{r}_{HN})^{\mathrm{T}}\end{bmatrix}\boldsymbol{T}\begin{bmatrix}\omega_{\mathrm{p}x}\\\omega_{\mathrm{p}y}\\0\end{bmatrix}=\begin{bmatrix}\boldsymbol{r}_{GM}\cdot e_{\mathrm{p}} & -\boldsymbol{r}_{GM}\cdot e_{\mathrm{b}} & 0\\ \boldsymbol{r}_{HN}\cdot e_{\mathrm{p}} & 0 & -\boldsymbol{r}_{HN}\cdot e_{\mathrm{b}}\end{bmatrix}\begin{bmatrix}V_1\\V_2\\V_3\end{bmatrix}\tag{2.35}$$

$\boldsymbol{e}_{\mathrm{p}}$ 和 $\boldsymbol{e}_{\mathrm{b}}$ 满足以下关系：

$$\begin{cases}\boldsymbol{V}=V_1e_{\mathrm{p}}\\ \boldsymbol{V}_G=V_2e_{\mathrm{b}}\\ \boldsymbol{V}_H=V_3e_{\mathrm{b}}\end{cases}\tag{2.36}$$

即可得到

$$\begin{cases}e_{\mathrm{p}}=(\tau\cos\theta\quad 0\quad -\tau\sin\theta)^{\mathrm{T}}\\ e_{\mathrm{b}}=(0\quad 0\quad 1)^{\mathrm{T}}\end{cases}\tag{2.37}$$

化简式 (2.37) 得

$$\begin{bmatrix} (\boldsymbol{r}_{JM}\times\boldsymbol{r}_{GM})^{\mathrm{T}} \\ (\boldsymbol{r}_{JN}\times\boldsymbol{r}_{HN})^{\mathrm{T}} \end{bmatrix} \boldsymbol{T}_{(1,2)} \begin{bmatrix} \omega_{\mathrm{p}x} \\ \omega_{\mathrm{p}y} \end{bmatrix} = \begin{bmatrix} \boldsymbol{r}_{GM}\cdot e_{\mathrm{p}} & -\boldsymbol{r}_{GM}\cdot e_{\mathrm{b}} & 0 \\ \boldsymbol{r}_{HN}\cdot e_{\mathrm{p}} & 0 & -\boldsymbol{r}_{HN}\cdot e_{\mathrm{b}} \end{bmatrix} \begin{bmatrix} V_1 \\ V_2 \\ V_3 \end{bmatrix} \tag{2.38}$$

式中，$\boldsymbol{T}_{(1,2)}$ 为 $\boldsymbol{T}$ 取前两列组成的矩阵。

进而可得

$$\begin{bmatrix} \omega_{\mathrm{p}x} \\ \omega_{\mathrm{p}y} \end{bmatrix} = \boldsymbol{A} \begin{bmatrix} V_1 \\ V_2 \\ V_3 \end{bmatrix} \tag{2.39}$$

式中，$\boldsymbol{A}=\left\{\begin{bmatrix} (\boldsymbol{r}_{JM}\times\boldsymbol{r}_{GM})^{\mathrm{T}} \\ (\boldsymbol{r}_{JN}\times\boldsymbol{r}_{HN})^{\mathrm{T}} \end{bmatrix} \boldsymbol{T}_{(1,2)}\right\}^{-1} \begin{bmatrix} \boldsymbol{r}_{GM}\cdot e_{\mathrm{p}} & -\boldsymbol{r}_{GM}\cdot e_{\mathrm{b}} & 0 \\ \boldsymbol{r}_{HN}\cdot e_{\mathrm{p}} & 0 & -\boldsymbol{r}_{HN}\cdot e_{\mathrm{b}} \end{bmatrix}$。

综合式 (2.34) 和式 (2.39)，可得

$$\begin{bmatrix} \omega_{\mathrm{p}x} \\ \omega_{\mathrm{p}y} \\ \omega_{\mathrm{p}z} \end{bmatrix} = \boldsymbol{T} \begin{bmatrix} \boldsymbol{A} \\ 0 \end{bmatrix} \begin{bmatrix} V_1 \\ V_2 \\ V_3 \end{bmatrix} \tag{2.40}$$

将式 (2.37) 代入式 (2.40)，即可求得 $\boldsymbol{\omega}$ 的值。

将式 (2.30) 和式 (2.40) 写成统一的形式，有

$$\begin{bmatrix} \boldsymbol{V} \\ \boldsymbol{\omega} \end{bmatrix} = \begin{bmatrix} \boldsymbol{J}_V \\ \boldsymbol{J}_\omega \end{bmatrix} \begin{bmatrix} V_1 \\ V_2 \\ V_3 \end{bmatrix} \tag{2.41}$$

式中，$\boldsymbol{J}_V = \begin{bmatrix} \tau\cos\theta & 0 & 0 \\ 0 & 0 & 0 \\ -\tau\sin\theta & 0 & 0 \end{bmatrix}$；$\boldsymbol{J}_\omega = \boldsymbol{T}\begin{bmatrix} \boldsymbol{A} \\ 0 \end{bmatrix}$。

令 $\boldsymbol{J}$ 为这种拟人机械腿的速度雅可比矩阵，$\boldsymbol{Q}$ 为其动平台上 O_{p} 点的广义速度向量，$\boldsymbol{P}$ 为其移动副的广义速度向量，则根据式 (2.41) 得

$$\boldsymbol{Q} = \boldsymbol{J}\boldsymbol{P} \tag{2.42}$$

式中，$\boldsymbol{J} = \begin{bmatrix} \boldsymbol{J}_V \\ \boldsymbol{J}_\omega \end{bmatrix}$；$\boldsymbol{Q} = \begin{bmatrix} \boldsymbol{V} \\ \boldsymbol{\omega} \end{bmatrix}$；$\boldsymbol{P} = \begin{bmatrix} V_1 \\ V_2 \\ V_3 \end{bmatrix}$；$\boldsymbol{J}_V$ 和 $\boldsymbol{J}_\omega$ 分别表示这种拟人机械

腿的线速度和角速度雅可比矩阵；$\boldsymbol{Q}$ 为其动平台上 O_{p} 点的广义速度向量；$\boldsymbol{P}$ 为其移动副的广义速度向量。

2.5.2　雅可比矩阵分析

据式 (2.42)，令矩阵 $\boldsymbol{P}$ 为单位矩阵，即

$$\boldsymbol{P}=\boldsymbol{I} \tag{2.43}$$

将式 (2.43) 代入式 (2.42) 可得

$$\boldsymbol{Q}_{P=I}=\boldsymbol{J}\boldsymbol{I}=\boldsymbol{J} \tag{2.44}$$

式 (2.44) 表示速度雅可比矩阵的物理意义。当每个驱动关节的输入速度为一个单位时，动平台的输出速度的向量即速度雅可比矩阵 $\boldsymbol{J}$。

根据矩阵分析的理论，雅可比矩阵 $\boldsymbol{J}$ 的奇异值分解有

$$\boldsymbol{J}=\boldsymbol{U}\boldsymbol{\Lambda}\boldsymbol{V}^{\mathrm{H}} \tag{2.45}$$

式中，$\boldsymbol{U}$ 为酉矩阵；$\boldsymbol{\Lambda}$ 为对角矩阵；$\boldsymbol{V}^{\mathrm{H}}$ 为酉矩阵的共轭转置矩阵。

因为矩阵 $\boldsymbol{J}$ 为实矩阵，所以根据奇异值分解的性质可知，存在六阶正交阵 $\boldsymbol{U}$ 和三阶正交阵 $\boldsymbol{V}$，使得

$$\boldsymbol{J}=\boldsymbol{U}\boldsymbol{\Lambda}\boldsymbol{V}^{\mathrm{T}} \tag{2.46}$$

式中，$\boldsymbol{\Lambda}=\mathrm{diag}(\sigma_1 \quad \sigma_2 \quad \cdots \quad \sigma_r)$，$r=\mathrm{rank}(\boldsymbol{J})$。

那么，$\sigma_i(i=1, 2, \cdots, r)$ 就是速度雅可比矩阵 $\boldsymbol{J}$ 的奇异值，r 为速度雅可比矩阵 $\boldsymbol{J}$ 的秩。将式 (2.45) 代入式 (2.44)，有

$$\boldsymbol{Q}_{P=I}=\boldsymbol{U}\boldsymbol{\Lambda}\boldsymbol{V}^{\mathrm{T}}\boldsymbol{I} \tag{2.47}$$

矩阵 $\boldsymbol{U}$ 和 $\boldsymbol{V}$ 为正交阵，根据正交矩阵的性质，在多维空间里，正交矩阵可以用来描述对一个或一组向量的旋转操作，对向量的长度不产生影响。因此，在式 (2.47) 中，只有矩阵 $\boldsymbol{\Lambda}$ 改变单位矩阵各个分量的长度，其相应分量的改变情况与速度雅可比矩阵 $\boldsymbol{J}$ 的奇异值 $\sigma_i(i=1, 2, \cdots, r)$ 有关。

进一步分析式 (2.47)，它的物理意义可以表述为：在速度空间中，让一个单位输入速度球先经过 $\boldsymbol{V}^{\mathrm{T}}$ 矩阵的旋转，再通过 $\boldsymbol{\Lambda}$ 矩阵对旋转后的速度球的半径进行缩放，最后经过 $\boldsymbol{U}$ 矩阵的旋转得到一个输出速度椭球。为表述该椭球，可将其进行相应的逆旋转，使得各个轴与单位输入速度球的轴重合。把逆旋转后的椭球记为 $\boldsymbol{Q}'$，根据式 (2.47) 有

$$\boldsymbol{Q}' = \boldsymbol{U}^{\mathrm{T}} \boldsymbol{Q}_{P=I} \boldsymbol{V} = \boldsymbol{\Lambda} \tag{2.48}$$

那么，$\boldsymbol{Q}'$ 有如下方程：

$$\frac{Q_1'}{\sigma_1} + \frac{Q_2'}{\sigma_2} + \cdots + \frac{Q_r'}{\sigma_r} = 1 \tag{2.49}$$

式中，Q_i' $(i=1, 2, \cdots, r)$ 表示 $\boldsymbol{Q}'$ 的元素。

$\boldsymbol{Q}'$ 是这样的一个速度椭球：在 r 维速度空间中，椭球各个轴的半径长度等于速度雅可比矩阵 $\boldsymbol{J}$ 的奇异值。$\boldsymbol{Q}'$ 为一个过渡椭球，再经过旋转就可得到最终的输出速度椭球，即矩阵 $\boldsymbol{Q}_{P=I}$ 表示的椭球，但其形状 (表示为矩阵的性质) 不变，这体现了速度雅可比矩阵的奇异值对运动传递性能的重要影响。

综合以上分析，研究机械腿的运动传递性能需要对速度雅可比矩阵 $\boldsymbol{J}$ 进行分析，从速度雅可比矩阵 $\boldsymbol{J}$ 的物理意义入手，速度雅可比矩阵 $\boldsymbol{J}$ 对运动传递性能的影响在实质上是由该矩阵的奇异值 $\sigma_i(i=1, 2, \cdots, r)$ 产生的，因此分析运动传递性能之前，首先需要对速度雅可比矩阵 $\boldsymbol{J}$ 进行奇异值分解。奇异值可借助 MATLAB 软件进行分析计算求得。

2.5.3　运动学性能评价指标

根据矩阵的奇异值分解，雅可比矩阵 $\boldsymbol{J}$ 形成的映射 $\boldsymbol{Q} = \boldsymbol{JP}$，表示将关节速度空间中的一个单位速度球映射成一个速度椭球。椭球的半径长度之比等于雅可比矩阵奇异值之比。当机构处于奇异形位时，椭球退化，至少有一个半轴为零，即无论关节速度怎样变化，都无法实现该方向的速度。另外，如果矩阵为各向同性，即所有的奇异值都相等，它映射一个单位球到另一个球，只是放大或缩小，此时运动的传递性能最好[8]。根据这种输入速度和输出速度间的映射关系的评价方法，当一个速度椭球半径长度的量纲一致时，半径长度比值才有比较的意义，因此将雅可比矩阵 $\boldsymbol{J}$ 分成 $\boldsymbol{J}_V$ 和 $\boldsymbol{J}_\omega$ 进行计算。

2.5.2 节已经分析了速度雅可比矩阵 $\boldsymbol{J}$ 的奇异值对机械腿的运动传递性能有重要影响，这里用 $C(\boldsymbol{J})$ 表示基于雅可比矩阵 $\boldsymbol{J}$ 的评价指标。为了评价该运动传递性能，用雅可比矩阵的条件数来衡量。设雅可比矩阵 $\boldsymbol{J}$ 的条件数为 R，根据矩阵条件数的定义有

$$R = \|\boldsymbol{J}\| \left\|\boldsymbol{J}^{-1}\right\| \tag{2.50}$$

在计算雅可比矩阵的条件数时，因其定义为范数形式，其形式有多种。在此，采用矩阵的谱范数来计算。矩阵 $\boldsymbol{J}$ 的谱范数的定义为

$$\|\boldsymbol{J}\| = \max_{\|\boldsymbol{x}\|-1} \|\boldsymbol{J}\boldsymbol{x}\| \tag{2.51}$$

则有

$$\|\boldsymbol{J}\|^2 = \max_{\|x\|-1} \boldsymbol{x}^{\mathrm{T}}\boldsymbol{J}^{\mathrm{T}}\boldsymbol{J}\boldsymbol{x} \tag{2.52}$$

从式 (2.52) 可知，$\|\boldsymbol{J}\|^2$ 是矩阵 $\boldsymbol{J}^{\mathrm{T}}\boldsymbol{J}$ 的最大特征值，故矩阵 $\boldsymbol{J}$ 的谱范数是该矩阵的最大奇异值 σ_{M}，矩阵 $\boldsymbol{J}^{-1}$ 的谱范数为矩阵 $\boldsymbol{J}$ 的最小奇异值的倒数 $1/\sigma_{\mathrm{m}}$。因此，矩阵条件数的计算方式为

$$R = \sigma_{\mathrm{M}}/\sigma_{\mathrm{m}} \tag{2.53}$$

式中，矩阵奇异值可通过 $\boldsymbol{J}^{\mathrm{T}}\boldsymbol{J}$ 的特征值开平方求得，其物理意义是用速度椭球的最长轴与最短轴之比来反映单位速度球映射成速度椭球的扭曲度，其值越接近 1，说明各向同性越好。

由式 (2.42) 可知，$\boldsymbol{J}_V$ 只有一个奇异值，对于 $\boldsymbol{J}_V$ 的条件数，根据式 (2.46) 有 $R_{J_V} \equiv 1$，说明矩阵 $\boldsymbol{J}_V$ 为各向同性，证明了用条件数来衡量运动传递性能符合该机械腿的物理特点，因为 O_{p} 点速度 V 由移动副 P_1 的输入速度唯一确定。为了进一步衡量 V 与 P_1 输入速度之间的线性关系，可以采用可操作度来评价，记为 W，即

$$W = \sigma_1\sigma_2\cdots\sigma_r \tag{2.54}$$

式中，$\sigma_i(i{=}1, 2, \cdots, r)$ 为雅可比矩阵的奇异值，其物理意义是用速度椭球的各个半径乘积来反映单位速度球映射成速度椭球后的体积量，在各向同性的情况下反映放大或缩小的程度，在一定范围内，其值越大，传递性能越好。

根据以上分析，基于雅可比矩阵 $\boldsymbol{J}_V$ 和 $\boldsymbol{J}_\omega$ 的评价指标 $C(\boldsymbol{J}_V)$ 和 $C(\boldsymbol{J}_\omega)$ 定义为

$$\begin{cases} C\left(\boldsymbol{J}_V\right) = \sigma_s^V \\ C\left(\boldsymbol{J}_\omega\right) = \dfrac{\sigma_{\mathrm{M}}^\omega}{\sigma_{\mathrm{m}}^\omega} \end{cases} \tag{2.55}$$

式中，σ_{s}^V 为 $\boldsymbol{J}_V$ 的唯一奇异值；$\sigma_{\mathrm{M}}^\omega$ 和 $\sigma_{\mathrm{m}}^\omega$ 为 $\boldsymbol{J}_\omega$ 的最大奇异值和最小奇异值。

根据该拟人机械腿的特点和 2.5.2 节的分析可知，$\boldsymbol{J}_V$ 只与 θ 有关，而 $\boldsymbol{J}_\omega$ 不仅与 θ 有关，还与姿态角 α 和 β 关系密切。因此，可在姿态工作空间中分析 $\boldsymbol{J}_\omega$ 的条件数，并在由姿态工作空间确定的 θ 范围内分析 $\boldsymbol{J}_V$ 的可操作度。

2.5.4　仿真分析

设这种机械腿机构的几何参数如下：a=150mm，b=300mm，c=150mm，d=440mm，e=440mm，f=300mm，h=300mm，k=320mm，m=440mm，n=180mm，

l_1=200mm，l_2=440mm，l_3=440mm，φ=120°，$\theta_{G\max}=\theta_{H\max}=\theta_{M\max}=\theta_{N\max}=\theta_{J\max}$ =40°，$l_{1\max}=l_{2\max}=l_{3\max}$=200mm，$l_{1\min}=l_{2\min}=l_{3\min}=-150$mm。该拟人机械腿的工作空间是满足约束条件的工作空间，由 MATLAB 软件仿真计算，绘制了角速度传递性能评价指标在姿态工作空间内的分布规律，如图 2.11 所示；线速度传递性能评价指标在姿态工作空间内的分布规律，如图 2.12 所示。

结合机械腿的运动，可以得出结论：在初始姿态附近运动，角速度传递性能良好且稳定，脚掌绕踝关节转动的传递性能几乎不受屈膝角度的影响；在运动边界附近，脚掌绕踝关节上下转动传递性能提高，绕踝关节左右转动传递性能略差。屈膝过程中，小腿绕膝关节运动，前半部分行程速度传递性能良好，后半部分性能逐渐下降。

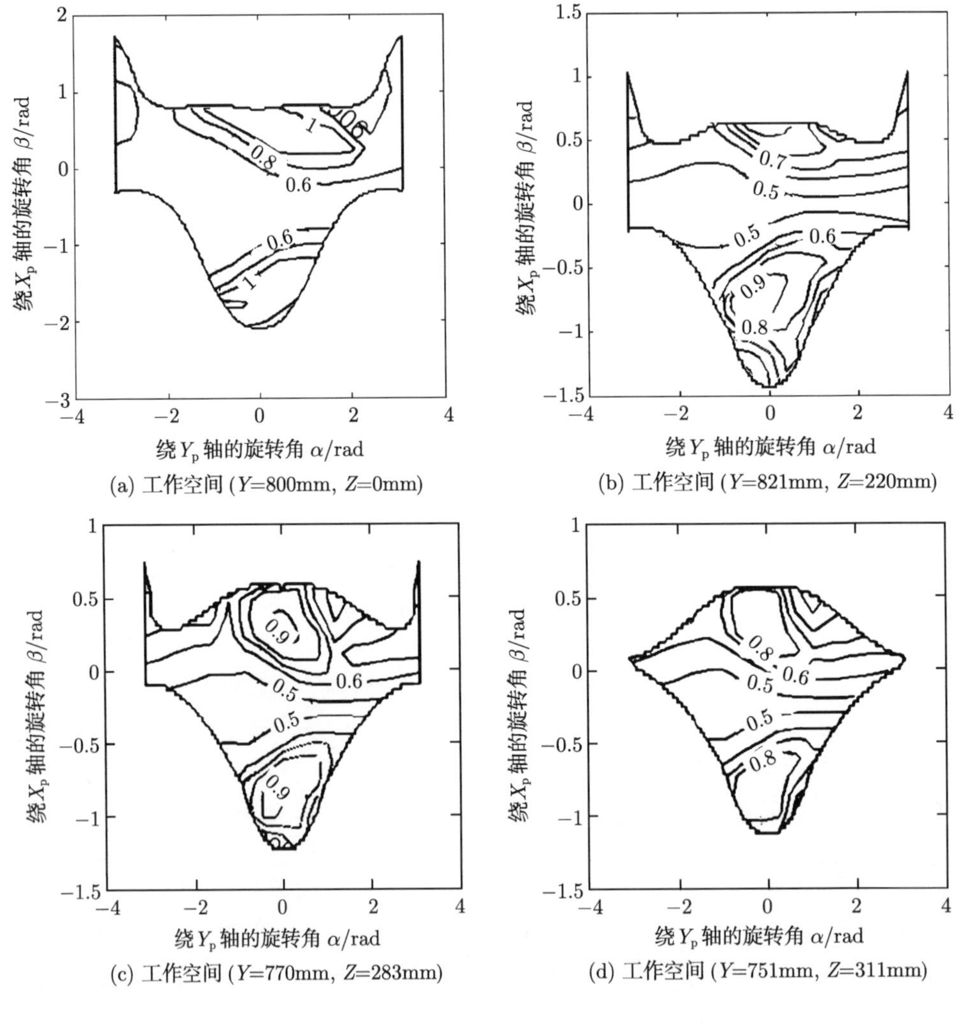

(a) 工作空间 (Y=800mm, Z=0mm)

(b) 工作空间 (Y=821mm, Z=220mm)

(c) 工作空间 (Y=770mm, Z=283mm)

(d) 工作空间 (Y=751mm, Z=311mm)

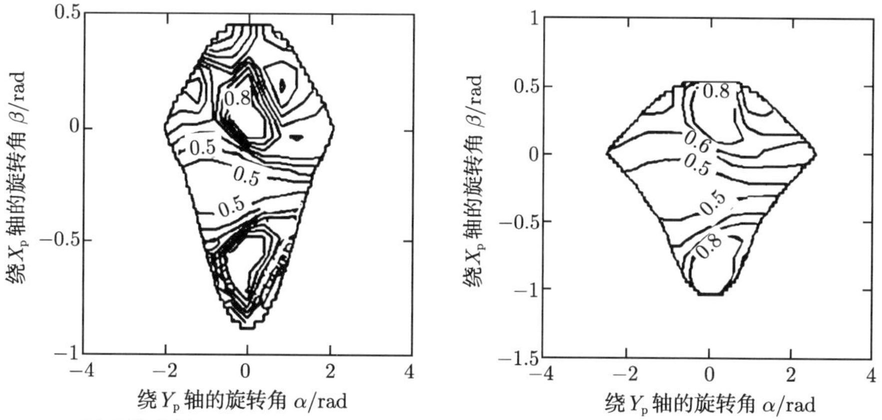

(e) 工作空间 (Y=723mm, Z=337mm)　(f) 工作空间 (Y=660mm, Z=381mm)

图 2.11　角速度传递性能评价指标 $C(\boldsymbol{J}_\omega)$ 的分布情况

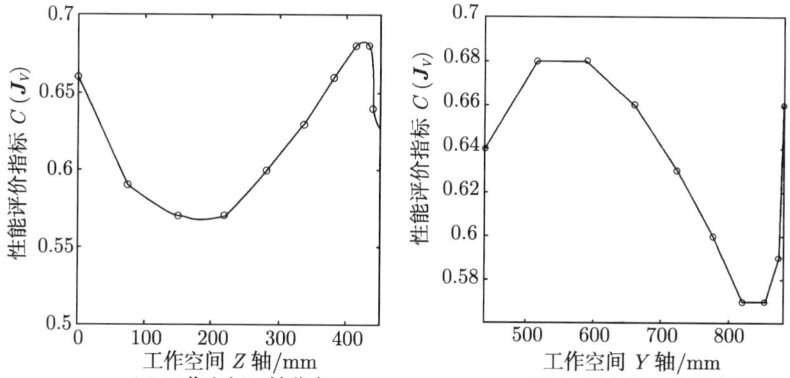

(a) 工作空间 Z 轴分布　(b) 工作空间 Y 轴分布

图 2.12　线速度传递性能评价指标 $C(\boldsymbol{J}_V)$ 在姿态工作空间内的分布情况

2.6　静力学分析

静力学分析[27-30] 是机构性能分析的基础，也是机构应用的基础[31-37]。当一个并联机器人执行指定的任务时，必然受到外力或外力矩的作用，这就需要计算克服外力或外力矩所需的驱动力 (力矩)，同时评价力的传递性能。由于并联机器人运动参数多，静力分析比较复杂，给设计与应用带来了一些不便。

本节在速度雅可比矩阵的基础上，利用虚功原理建立静力平衡方程，可快速地求得在已知外力和力矩作用的情况下移动副驱动力的大小。由于速度雅可比矩阵不可逆，为了分析静力学传递性能，在机械腿的位置反解的基础上，用矢量法建立静力学传递方程，推导力雅可比矩阵，定义雅可比矩阵的条件数作为机械腿的运动学性能指标，利用 MATLAB 软件在工作空间内对各性能指标的分布规律情况进行仿真，并对仿真结果进行分析。

2.6.1 静力平衡方程

为了研究该机械腿的静力学传递性能，给出如下静力学传递方程：

$$\boldsymbol{\tau}=\boldsymbol{J}'\boldsymbol{f} \tag{2.56}$$

该方程需要通过受力分析，求解出力雅可比矩阵 $\boldsymbol{J}'$。

先分析 $O\text{-}O_{\mathrm{p}}$ 支链的受力情况。由该支链的结构特点可知，杆件 DE 为平面二力杆，故外力的合力方向一定为端点两铰链的连线。把这条连线的方向向量记为 $\boldsymbol{e}_{DE}$，其与 Z_{b} 轴的夹角记为 γ_{DE}，同时把移动副 P_1 传递到杆 DE 的力记为 $\boldsymbol{F}_{DE}$，则有

$$\boldsymbol{F}_{DE}=\frac{f_1}{\sin\gamma_{DE}}\boldsymbol{e}_{DE} \tag{2.57}$$

因此，可求得

$$\sin\gamma_{DE}=\frac{\left|\boldsymbol{r}_{DE}^{Z}\right|}{\|\boldsymbol{r}_{DE}\|}=\frac{|m+n\cos(\theta-\varphi)-l_1-\Delta l_1|}{\|n\sin(\theta-\varphi)+a\quad 0\quad m+n\cos(\theta-\varphi)-l_1-\Delta l_1\|} \tag{2.58}$$

式中，$\boldsymbol{r}_{DE}^{Z}$ 表示 $\boldsymbol{r}_{DE}$ 在 Z_{b} 轴的分量。

将式 (2.58) 代入式 (2.57) 化简可得

$$\boldsymbol{F}_{DE}=\frac{f_1\boldsymbol{r}_{DE}}{\left|\boldsymbol{r}_{DE}^{Z}\right|}=\frac{f_1(\ n\sin(\theta-\varphi)+a\quad 0\quad m+n\cos(\theta-\varphi)-l_1-\Delta l_1\ )}{|m+n\cos(\theta-\varphi)-l_1-\Delta l_1|} \tag{2.59}$$

对于杆件 EFJ，在铰链点 J 处可将力分解为平行 FJ 方向和垂直 FJ 方向的两个力。若在杆件 EFJ 上对点 F 取矩，可求得垂直 FJ 方向的力，记为 $\boldsymbol{F}_{FJ}$。而平行 FJ 方向的力理论上可以在 $0\sim\infty$ 取值，若要求解平行 FJ 方向的力，还需知道点 F 处的约束力，该约束力和外界施加的力有关。因此，认为 $\boldsymbol{F}_{DE}$ 传递到点 J 的力为垂直 FJ 方向的力 $\boldsymbol{F}_{FJ}$，该力的方向向量记为 $\boldsymbol{e}_{FJ}$。令 $\boldsymbol{r}_{FJ}$ 和 $\boldsymbol{r}_{DE}$ 分别为铰链点 F 到铰链点 J 和 E 的矢量，则有

$$\boldsymbol{F}_{FJ}=\frac{\|\boldsymbol{r}_{FE}\times\boldsymbol{F}_{DE}\|}{\|\boldsymbol{r}_{FJ}\|}\boldsymbol{e}_{FJ} \tag{2.60}$$

式中，$\boldsymbol{e}_{FJ}=(0\quad 1\quad 0)^{\mathrm{T}}\times\dfrac{\boldsymbol{r}_{FJ}}{\|\boldsymbol{r}_{FJ}\|}=(\cos\theta\quad 0\quad \sin\theta)^{\mathrm{T}}$。

将式 (2.60) 化简可得

$$\boldsymbol{F}_{FJ}=f_1t_1\boldsymbol{e}_{FJ} \tag{2.61}$$

式中，$t_1=\dfrac{n}{e}\left|\dfrac{\sin(\theta-\varphi)\left[m+n\cos(\theta-\varphi)-l_1-\Delta l_1\right]-\cos(\theta-\varphi)\left[n\sin(\theta-\varphi)+a\right]}{m+n\cos(\theta-\varphi)-l_1-\Delta l_1}\right|$。

由 B-M 和 C-N 支链的结构特点可知，杆件 HN 和 GM 两端为胡克铰，胡克铰的两转动方向不传递力矩，故杆件 HN 和 GM 受力情况为合力和力矩都平行于杆件的轴线方向。又因为杆件 HN 和 GM 上平行于杆件轴线的力矩由移动副的约束力产生，理论上可以在 $0\sim\infty$ 取值，所以认为该力矩与移动副上的驱动力无关。把平行于杆件 HN 和 GM 轴线方向的力分别记为 $\boldsymbol{F}_{HN}$ 和 $\boldsymbol{F}_{GM}$，把这两个力的方向向量记为 $\boldsymbol{e}_{HN}$ 和 $\boldsymbol{e}_{GM}$，两方向向量与 $Z_{\rm b}$ 轴的夹角分别记为 γ_{HN} 和 γ_{GM}，则有

$$\begin{cases}\boldsymbol{F}_{GM}=\dfrac{f_2}{\sin\gamma_{GM}}\boldsymbol{e}_{GM}\\ \boldsymbol{F}_{HN}=\dfrac{f_3}{\sin\gamma_{HN}}\boldsymbol{e}_{HN}\end{cases}\tag{2.62}$$

可求得 $\sin\gamma_{GM}$ 和 $\sin\gamma_{HN}$ 为

$$\begin{cases}\sin\gamma_{GM}=\dfrac{\left|\boldsymbol{r}_{GM}^{Z}\right|}{\|\boldsymbol{r}_{GM}\|}\\ \sin\gamma_{HN}=\dfrac{\left|\boldsymbol{r}_{HN}^{Z}\right|}{\|\boldsymbol{r}_{HN}\|}\end{cases}\tag{2.63}$$

式中，$\boldsymbol{r}_{GM}^{Z}$ 和 $\boldsymbol{r}_{HN}^{Z}$ 分别表示 $\boldsymbol{r}_{GM}$ 和 $\boldsymbol{r}_{HN}$ 在 $Z_{\rm b}$ 轴的分量。

将式 (2.63) 代入式 (2.62)，化简得

$$\begin{cases}\boldsymbol{F}_{GM}=f_2t_2\boldsymbol{r}_{GM}\\ \boldsymbol{F}_{HN}=f_3t_3\boldsymbol{r}_{HN}\end{cases}\tag{2.64}$$

式中，$t_2=\dfrac{1}{\left|\boldsymbol{r}_{GM}^{Z}\right|};t_3=\dfrac{1}{\left|\boldsymbol{r}_{HN}^{Z}\right|}$。

通过对三条支链的力学传递分析，得到了通过驱动力 $\boldsymbol{f}$ 作用到动平台 JMN 上的力 $\boldsymbol{F}_{FJ}$、$\boldsymbol{F}_{GM}$ 和 $\boldsymbol{F}_{HN}$，其作用点分别为 J、M 和 N，则有

$$\begin{cases}\boldsymbol{F}=\boldsymbol{F}_{FJ}+\boldsymbol{F}_{GM}+\boldsymbol{F}_{HN}\\ \boldsymbol{M}=\boldsymbol{r}_{JM}\times\boldsymbol{F}_{GM}+\boldsymbol{r}_{JN}\times\boldsymbol{F}_{HN}\end{cases}\tag{2.65}$$

式中，$\boldsymbol{r}_{JM}$ 和 $\boldsymbol{r}_{JN}$ 分别为铰链点 J 到铰链点 M 和 N 的矢量。

将式 (2.61) 和式 (2.64) 代入式 (2.65) 可得

$$\begin{cases}\boldsymbol{F}=\boldsymbol{J}_F\boldsymbol{f}\\ \boldsymbol{M}=\boldsymbol{J}_M\boldsymbol{f}\end{cases}\tag{2.66}$$

式中，$\boldsymbol{J}_F$ 和 $\boldsymbol{J}_M$ 分别表示拟人机械腿的力和力矩雅可比矩阵，即

$$\left\{\begin{array}{l} \boldsymbol{J}_F=(t_1\boldsymbol{e}_{FJ}\quad t_2\boldsymbol{r}_{GM}\quad t_3\boldsymbol{r}_{HN})_{3\times3} \\ \boldsymbol{J}_M=(0\quad t_2\boldsymbol{r}_{JM}\times\boldsymbol{r}_{GM}\quad t_3\boldsymbol{r}_{JN}\times\boldsymbol{r}_{HN})_{3\times3} \end{array}\right. \tag{2.67}$$

将式 (2.66) 写成如下的形式：

$$\boldsymbol{J}'=\left[\begin{array}{c} \boldsymbol{J}_F \\ \boldsymbol{J}_M \end{array}\right] \tag{2.68}$$

2.6.2 静力学性能评价指标

根据矩阵的奇异值分解，力雅可比矩阵 $\boldsymbol{J}'$ 形成的映射 $\boldsymbol{\tau}=\boldsymbol{J}'\boldsymbol{f}$，将关节力空间中的一个单位速度球映射成一个力椭球。椭球的半径长度之比等于力雅可比矩阵奇异值之比。当机构处于奇异形位时，椭球退化，至少有一个半轴为零，即无论关节力如何变化，都无法实现该方向的速度。另外，如果矩阵为各向同性，即所有的奇异值都相等，它映射一个单位球到另一个球，只是放大或缩小，此时力学传递性能最好[8]。根据这种输入力和输出力之间的映射关系的评价方法，一个力球的半径长度的量纲一致才有比较的意义，因此将力雅可比矩阵 $\boldsymbol{J}'$ 分成 $\boldsymbol{J}_F$ 和 $\boldsymbol{J}_M$ 进行计算。

为了评价该静力传递性能，这里采用力雅可比矩阵的条件数来衡量。设 $\boldsymbol{J}_F$ 和 $\boldsymbol{J}_M$ 雅可比矩阵的条件数为 $R(\boldsymbol{J}_F)$ 和 $R(\boldsymbol{J}_M)$，根据矩阵条件数的定义有

$$\left\{\begin{array}{l} R(\boldsymbol{J}_F)=\|\boldsymbol{J}_F\|\left\|\boldsymbol{J}_F^{-1}\right\| \\ R(\boldsymbol{J}_M)=\|\boldsymbol{J}_M\|\left\|\boldsymbol{J}_M^{-1}\right\| \end{array}\right. \tag{2.69}$$

在计算雅可比矩阵的条件数时，因其定义为范数形式，这里采用矩阵的谱范数。矩阵 $\boldsymbol{J}_F$ 和 $\boldsymbol{J}_M$ 的谱范数的定义为

$$\left\{\begin{array}{l} \|\boldsymbol{J}_F\|=\max\limits_{\|x\|-1}\|\boldsymbol{J}_F\boldsymbol{x}\| \\ \|\boldsymbol{J}_M\|=\max\limits_{\|x\|-1}\|\boldsymbol{J}_M\boldsymbol{x}\| \end{array}\right. \tag{2.70}$$

因此，有

$$\left\{\begin{array}{l} \|\boldsymbol{J}_F\|^2=\max\limits_{\|x\|-1}\boldsymbol{x}^{\mathrm{T}}\boldsymbol{J}_F^{\mathrm{T}}\boldsymbol{J}_F\boldsymbol{x} \\ \|\boldsymbol{J}_M\|^2=\max\limits_{\|x\|-1}\boldsymbol{x}^{\mathrm{T}}\boldsymbol{J}_M^{\mathrm{T}}\boldsymbol{J}_M\boldsymbol{x} \end{array}\right. \tag{2.71}$$

从式 (2.71) 可知，$\|\boldsymbol{J}_F\|^2$ 和 $\|\boldsymbol{J}_M\|^2$ 是矩阵 $\boldsymbol{J}_F^{\mathrm{T}}\boldsymbol{J}_F$ 和 $\boldsymbol{J}_M^{\mathrm{T}}\boldsymbol{J}_M$ 的最大特征值，则矩阵 $\boldsymbol{J}_F$ 和 $\boldsymbol{J}_M$ 的谱范数是这两个矩阵的最大奇异值 σ_{M}^F 和 σ_{M}^M($\boldsymbol{J}_F^{\mathrm{T}}\boldsymbol{J}_F$ 和 $\boldsymbol{J}_M^{\mathrm{T}}\boldsymbol{J}_M$

的最大特征值的开平方)。同样地，矩阵 $\boldsymbol{J}_F^{-1}$ 和 $\boldsymbol{J}_M^{-1}$ 的谱范数为这两个矩阵的最大奇异值，其值等于矩阵 $\boldsymbol{J}_F$ 和 $\boldsymbol{J}_M$ 的最小奇异值 σ_{m}^F 和 σ_{m}^M 的倒数，即 $1/\sigma_{\mathrm{m}}^F$ 和 $1/\sigma_{\mathrm{m}}^M$。因此，$\boldsymbol{J}_F$ 和 $\boldsymbol{J}_M$ 雅可比矩阵的评价指标的计算方式为

$$\begin{cases} C\left(\boldsymbol{J}_F\right)=\dfrac{\sigma_{\mathrm{M}}^F}{\sigma_{\mathrm{m}}^F} \\ C\left(\boldsymbol{J}_M\right)=\dfrac{\sigma_{\mathrm{M}}^M}{\sigma_{\mathrm{m}}^M} \end{cases} \tag{2.72}$$

式中，矩阵奇异值的计算可通过 $\boldsymbol{J}^{\mathrm{T}}\boldsymbol{J}$ 的特征值开平方求得，其物理意义是用力椭球的最长轴与最短轴之比来反映单位力球映射成力椭球的扭曲度，其值越接近 1，各向同性越好。

由拟人机械腿的特点和位置分析可知，$\boldsymbol{J}_F$ 和 $\boldsymbol{J}_M$ 不仅与某姿态下的 θ 角度有关，还与姿态角 α 和 β 关系密切。因此，可在姿态工作空间中分析 $\boldsymbol{J}_F$ 和 $\boldsymbol{J}_M$ 的条件数。

2.6.3　仿真分析

设拟人机械腿机构的几何参数如下：a=150mm，b=300mm，c=150mm，d=440mm，e=440mm，f=300mm，h=300mm，k=320mm，m=440mm，n=180mm，l_1=200mm，l_2=440mm，l_3=440mm，φ=120°，$\theta_{G\max}=\theta_{H\max}=\theta_{M\max}=\theta_{N\max}=\theta_{J\max}$=40°，$l_{1\max}=l_{2\max}=l_{3\max}$=200mm，$l_{1\min}=l_{2\min}=l_{3\min}=-150$mm。该拟人机械腿的工作空间是满足约束条件的工作空间，由 MATLAB 软件仿真计算，绘制力矩传递性能评价指标在姿态工作空间内的分布规律，如图 2.13 所示；力传递性能评价指标在角运动范围内的分布规律，如图 2.14 所示。

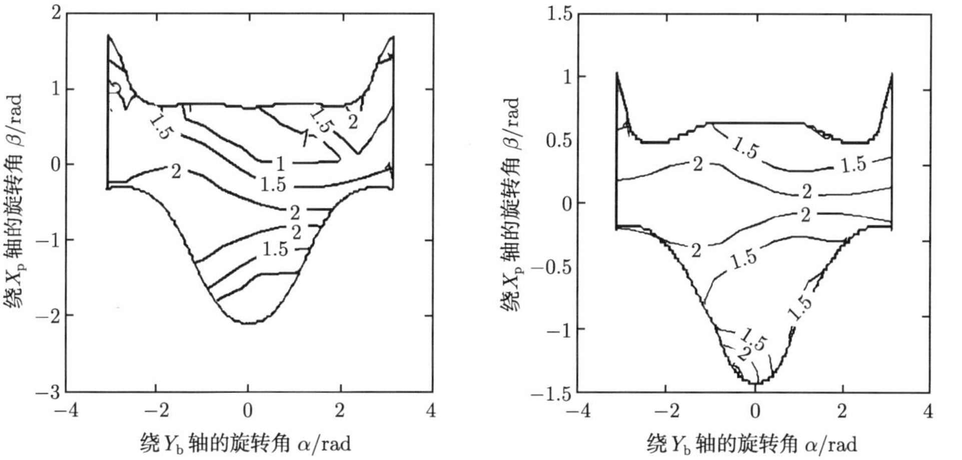

(a) 工作空间 (Y=800mm, Z=0mm)　　(b) 工作空间 (Y=821mm, Z=220mm)

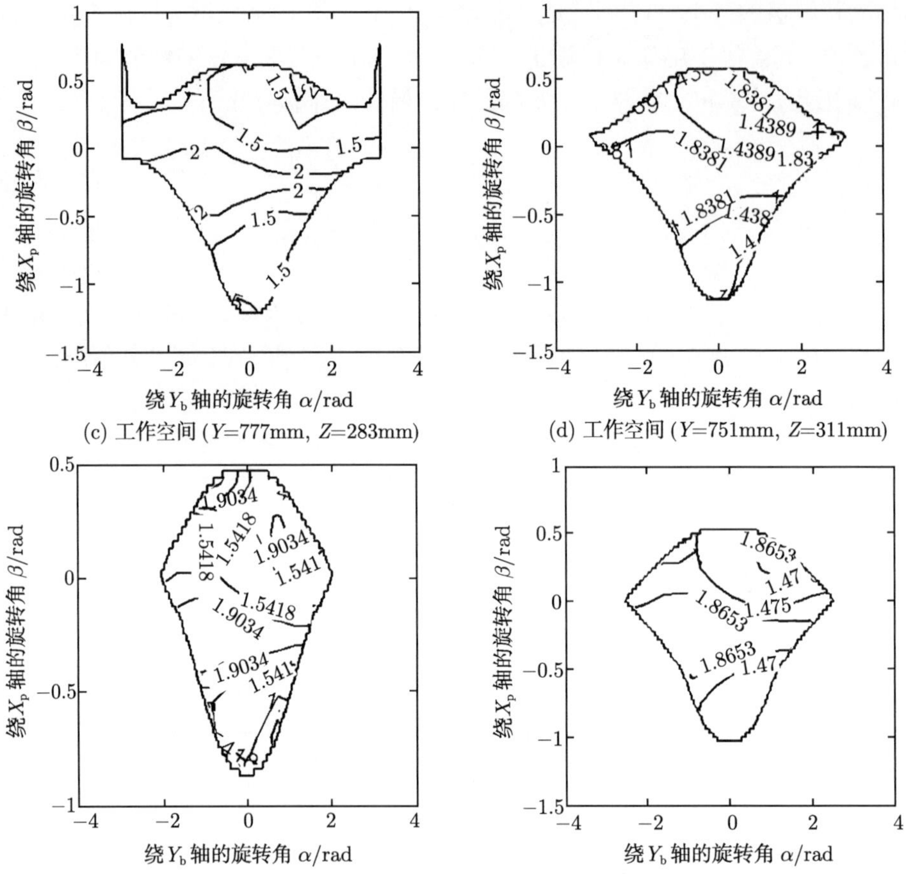

(c) 工作空间 (Y=777mm, Z=283mm)　(d) 工作空间 (Y=751mm, Z=311mm)

(e) 工作空间 (Y=660mm, Z=381mm)　(f) 工作空间 (Y=723mm, Z=337mm)

图 2.13　力矩传递性能评价指标 $C(\boldsymbol{J}_M)$ 的分布情况

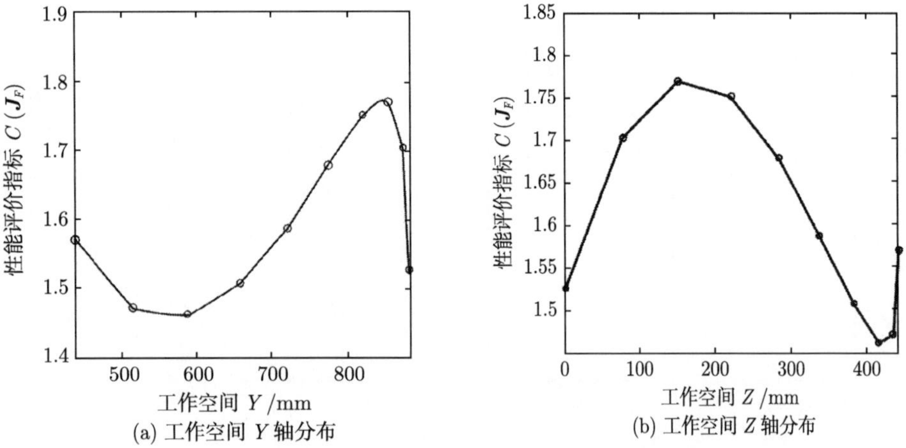

(a) 工作空间 Y 轴分布　(b) 工作空间 Z 轴分布

图 2.14　力传递性能评价指标 $C(\boldsymbol{J}_F)$ 的分布情况

由图 2.13 和图 2.14 可知，各性能评价指标较高，且分布均匀，表明该机构的力传递性能好，运动稳定。结合机械腿的运动可以得出，在初始姿态附近运动，力矩传递性能良好且稳定，脚掌绕踝关节转动的力传递性能几乎不受屈膝角度的影响；在运动边界附近，脚掌绕踝关节上下转动力传递性能提高，绕踝关节左右转动力传递性能略差。在一定屈膝角度下，脚掌绕踝关节转动的力传递性能与运动角度无关，仅在脚掌上翘到运动边界时力传递性能变差；当屈膝角度增大时，力传递性能变差，脚掌上翘到运动边界时力传递性能变差的角度范围增大，同时该趋势随屈膝角度的增大而加速。

2.7　本章小结

根据人体下肢关节的特点，结合不同拟人机械腿的优点，本章提出了一种类似于人腿膝关节和踝关节结构的整体式并联机械腿机构，主要内容如下。

(1) 对拟人机械腿进行结构布局分析，建立分析坐标系，规定姿态角的表示方法。由螺旋理论计算得到机械腿的自由度为 3，符合人腿的关节自由度分配。在功能上，能实现膝关节和踝关节运动，同时具有结构简单、惯性小、运动灵活、承载力大、与人腿相仿度高的优点。

(2) 考虑到拟人机械腿的膝关节和踝关节的转动情况，绘制了这种拟人机械腿的姿态工作空间。定性地分析尺寸参数对其姿态工作空间大小的影响，为这种拟人机械腿的尺寸设计提供了理论依据。

(3) 用矢量法对这种新型拟人机械腿的运动特点进行研究，推导出其运动学雅可比矩阵，该矩阵元素中的变量全部来自动平台的位姿变量，可将工作空间作为研究该机构运动特点的载体。针对这种拟人机械腿的特点，将雅可比矩阵划分为线速度和角速度雅可比矩阵，分别定义各自的传递性能评价指标，给出两者指标在工作空间内的分布规律。仿真结果显示，在初始姿态附近运动，速度传递性能良好且稳定，即脚掌的运动传递性能基本不受屈膝角度的影响；屈膝过程中，小腿绕膝关节运动，前半部分行程速度传递性能良好，后半部分性能逐渐下降。

(4) 建立静力平衡方程，可求得在已知外力和力矩作用的情况下移动副驱动力的大小。针对这种拟人机械腿的特点，将雅可比矩阵划分为力雅可比矩阵和力矩雅可比矩阵，分别定义各自的传递性能评价指标，给出两者指标在工作空间内的分布规律。仿真结果显示，在初始姿态附近运动，力矩传递性能良好且稳定，脚掌绕踝关节转动的力传递性能基本不受屈膝角度的影响；在运动边界附近，脚掌绕踝关节上下转动力传递性能提高，绕踝关节左右转动力传递性能略差；在一定屈膝角度下，脚掌绕踝关节转动的力传递性能与运动角度无关，仅在脚掌上翘到运动边界时力传递性能变差；当屈膝角度增大时，力传递性能变差，脚掌上翘到运动边界时力传递性能变差的角度范围增大，同时该趋势随屈膝角度的增大而加速。

参考文献

[1] 李艳杰, 徐继宁, 王侃. 仿人机器人发展现状及其腰关节作用[J]. 沈阳工业学院学报, 2004, 23(1): 18-23.

[2] 刘英卓. 拟人机器人的建模[J]. 重庆大学学报, 2006, 29(2): 1-5.

[3] 殷晨波, 周庆敏, 徐海涵, 等. 基于虚拟零力矩点 FZMP 的拟人机器人行走稳定性仿真[J]. 系统仿真学报, 2006, 18(9): 2593-2597.

[4] 武明, 季林红. 基于能量的人体动力学平衡评价指标的仿真研究[J]. 清华大学学报, 2002, 42(2): 138-171.

[5] 张寿涛. 临床医师手册外科分册[M]. 上海: 上海科学技术出版社, 1989.

[6] 全国体育学院教材委员会. 运动解剖学[M]. 北京: 人民体育出版社, 1989.

[7] 李研彪. 新型 6-DOF 串并混联拟人机械臂的性能分析与设计[D]. 秦皇岛: 燕山大学, 2008.

[8] 黄真, 孔令富, 方跃法. 并联机器人机构学理论及控制[M]. 北京: 机械工业出版社, 1997.

[9] 赖一楠, 张广玉, 段志鸣, 等. 面向控制的 3-RRR 球面并联机构正运动学实时解法[J]. 中国机械工程, 2003, 14(2): 113-115.

[10] 金振林, 王军, 高峰. 新型 6-PSS 并联机器人工作空间分析[J]. 中国机械工程, 2002, 13(13): 1088-1090.

[11] 冯志友, 张策, 杨廷力, 等. 基于单开链单元的 2T-2R 并联机构位置正解[J]. 中国机械工程, 2006, 17(13): 1395-1398.

[12] Gosselin C M, Lemieux S, Merlet J P. A new architecture of planar three-degrees-of-freedom parallel manipulator[C]. IEEE International Conference on Robotics and Automation, Minneapolis, 1996.

[13] 赵铁石, 高英杰, 杨铁林, 等. 混合型四自由度并联平台机构及其位置分析[J]. 光学精密工程, 2000, 8(1): 42-45.

[14] Kamra R, Kohli D, Dhingra A K. Forward displacement analysis of a six-DOF parallel manipulator actuated by 3R3P and 4R2P chains[J]. Mechanism & Machine Theory, 2002, 37(11): 619-637.

[15] Merlet J P, Gosselin C M, Mouly N. Workspace of planar parallel manipulators[J]. Mechanism & Machine Theory, 1998, 33(1): 7-20.

[16] Arakelian V, Briot S, Glazunov V. Increase of singularity-free zones in the workspace of parallel manipulators using mechanisms of variable structure[J]. Mechanism & Machine Theory, 1998, 12(26): 1-12.

[17] 金振林, 余跃庆. 三维平动球平台机器人的位置与工作空间分析[J]. 中国机械工程, 2006, 17(6): 574-577.

[18] 汪劲松, 黄田. 6-THS 并联机床结构参数设计理论与方法[J]. 清华大学学报, 1999, 39(8): 25-29.

[19] Lu Y, Shi Y, Hu B. Kinematic analysis of two novel 3UPU Ⅰ and 3UPU Ⅱ PKMS[J]. Robotics & Autonomous Systems, 2008, 56(4): 296-305.

[20] Wang J, Wu J, Wang L, et al. Simplified strategy of the dynamic model of a 6-UPS parallel kinematic machine for real-time control[J]. Mechanism & Machine Theory, 2007, 42(9): 1119-1140.

[21] Li Y, Xu Q. Kinematic analysis of a 3-PRS parallel manipulator[J]. Robotics & Computer Integrated Manufacturing, 2007, 23(4): 395-408.

[22] Sandipan B, Ashitava G. An algebraic formulation of kinematic isotropy and design of isotropic 6-6 Stewart platform manipulators[J]. Mechanism & Machine Theory, 2008, 43(5): 591-616.

[23] 张彦斐, 宫金良, 李为民, 等. 一种 6 自由度冗余驱动并联机器人运动学分析及仿真[J]. 机械工程学报, 2006, 41(8): 144-148.

[24] 于海波, 赵铁石, 李仕华, 等. 空间 3-SPS/S 对顶双锥机构的运动学分析[J]. 机械设计, 2007, 24(2): 11-14.

[25] 张立杰, 李永泉, 黄真. 球面二自由度 5R 并联机器人的运动学分析[J]. 中国机械工程, 2006, 17(4): 343-346.

[26] 魏航信, 刘明治, 王淑艳, 等. 仿人型跑步机器人的运动学分析[J]. 中国机械工程, 2006, 17(13): 1321-1324.

[27] 熊有伦. 机器人学[M]. 北京: 机械工业出版社, 1993.

[28] Lopes A, Pires E, Barbosa M. Design of a parallel robotic manipulator using evolutionary computing regular paper[J]. International Journal of Advanced Robotic Systems, 2012, 9: 1-13.

[29] Kelaiaia R, Company O, Zaatri A. Multiobjective optimization of parallel kinematic mechanisms by the genetic algorithms[J]. Robotica, 2012, 30: 783-797.

[30] Hosseini M, Daniali H, Taghirad H. Dexterous workspace optimization of a tricept parallel manipulator[J]. Advanced Robotics, 2011, 25(13/14): 1697-1712.

[31] Saravanan R, Ramabalan S, Dinesh B P. Optimum static balancing of an industrial robot mechanism[J]. Engineering Applications of Artificial Intelligence, 2008, 21(6): 824-834.

[32] Arsenault M, Gosselin C M. Kinematic and static analysis of a planar modular 2-DOF tensegrity mechanism[J]. IEEE International Conference on Robotics and Automation, Orlando, 2006: 1072-1089.

[33] Russo A, Sinatra R, Xi F. Static balancing of parallel robots[J]. Mechanism & Machine Theory, 2005, 40(2): 191-202.

[34] Castillo-Castañeda E, Takeda Y. Improving path accuracy of a crank-type 6-dof parallel mechanism by stiction compensation[J]. Mechanism & Machine Theory, 2008, 43(1): 104-114.

[35] 张波, 战红春, 赵明扬. 柔索驱动三自由度球面并联机构运动学与静力学研究[J]. 机器人, 2003, 25(3): 198-200.

[36] 赵辉, 姜金三, 张春凤, 等. 并联机床静刚度研究[J]. 机械传动, 2006, 30(5): 1-4.

[37] Chiu Y J, Perng M H. Self-calibration of a general hexapod manipulator with enhanced precision in 5-DOF motions[J]. Mechanism & Machine Theory, 2004, 39(1): 1-23.

第 3 章　拟人机械腿的动力学分析

动力学主要研究物体的运动和作用力之间的关系。机器人的动力学模型用于描绘机器人这种复杂的动力系统，以处理其动力响应、动力仿真和计算机控制等[1]。目前，研究机器人系统动力学的方法很多，有拉格朗日 (Lagrange) 方法、牛顿–欧拉 (Newton-Euler) 方法、高斯 (Gauss) 方法、凯恩 (Kane) 方法、旋量 (对偶数) 方法、罗伯逊–魏登堡 (Roberson-Wittenburg) 方法和影响系数方法等。其中，拉格朗日方法和牛顿–欧拉方法运用较多。拉格朗日方法[2-6] 可以用最明了的形式表达出相对复杂系统的动力学方程，且其拉格朗日方程具有显式结构；牛顿–欧拉方法[7] 则是在达朗贝尔原理和运动坐标系的基础上建立起来的，计算速度比较快，没有冗余的信息，本章采用拉格朗日方法对拟人机械腿进行动力学建模。

第 2 章对拟人机械腿的设计方案中，采用安装在固定件上的三个伺服电机来驱动三个直线移动副 P_1、P_2、P_3，从而实现膝关节和踝关节的运动，因此伺服电机的正确选取对于实现拟人机械腿的运动有非常重要的作用。

本章主要求出该拟人机械腿的动力学模型，在运动学反解和动力学建模的基础上推导出伺服电机的预估模型，主要包括电机的转动速度和转矩，并使用 MATLAB 仿真软件进行仿真验证。

3.1　动力学建模

3.1.1　运动影响系数概述

机构运动影响系数 (kinematic influence coefficient) 是由 Tesar 教授提出的，是机构学中一个非常重要的概念[8]。影响系数法[9] 主要建立一阶运动影响系数矩阵，也就是通常所说的雅可比矩阵和二阶影响系数矩阵，即 Hessian 矩阵。机构运动影响系数可以深刻地反映机构的动力学和运动学的本质。

首先以一个简单的机构为例来给出影响系数的概念。对于如图 3.1 所示的一个平面三自由度机构，当给定三个输入 ϕ_1、ϕ_2、ϕ_3 时，机构所有构件具有确定的运动。

如果机构所有构件的运动都是通过单个自由度的运动副输入，或者通过移动副、转动副，那么当转动副作为输入时，$\phi_i=\theta_i$；当移动副作为输入时，$\phi_i = l_i$。对

于 N 自由度的机构，在这 N 个输入都给定后，机构的任何一个构件的位置都是确定的，且构件的位置可以用它上面一条线的角位置和一个点的坐标来表示，则有

$$\begin{cases} \boldsymbol{\Phi}_i = f_1(\phi_1 \quad \phi_2 \quad \cdots \quad \phi_N) \\ \boldsymbol{X}_i = f_2(\phi_1 \quad \phi_2 \quad \cdots \quad \phi_N) \\ \boldsymbol{Y}_i = f_3(\phi_1 \quad \phi_2 \quad \cdots \quad \phi_N) \end{cases} \tag{3.1}$$

式中，$\boldsymbol{X}_i$、$\boldsymbol{Y}_i$、$\boldsymbol{\Phi}_i$ 表示参考点的 X、Y 坐标以及参考线的角位置，以确定第 i 个构件的位置。

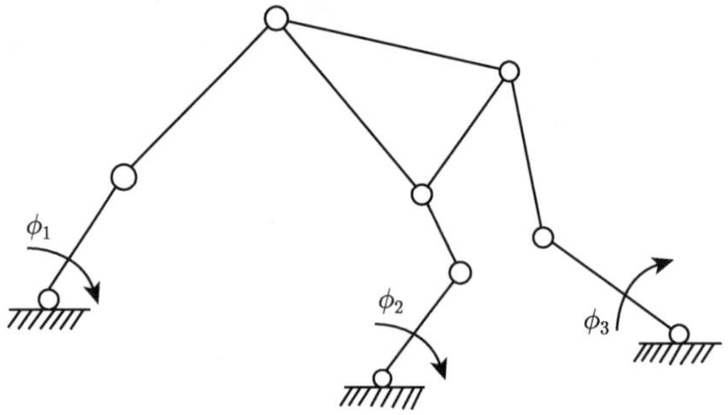

图 3.1　平面三自由度八杆机构

因为输入运动参数 ϕ_1，ϕ_2，$\cdots$，ϕ_N 随时间的变化而变化，所以其时间导数分别为

$$\begin{cases} \dot{\boldsymbol{\Phi}}_i = \sum\limits_{N=1}^{N} \dfrac{\partial f_1}{\partial \phi_N} \dot{\phi}_N \\ \dot{\boldsymbol{X}}_i = \sum\limits_{N=1}^{N} \dfrac{\partial f_2}{\partial \phi_N} \dot{\phi}_N \\ \dot{\boldsymbol{Y}}_i = \sum\limits_{N=1}^{N} \dfrac{\partial f_3}{\partial \phi_N} \dot{\phi}_N \end{cases} \tag{3.2}$$

如果以 $\boldsymbol{U}_i\{\varPhi_i \quad X_i \quad Y_i\}^{\mathrm{T}}$ 表示机构上某个杆件的位置坐标，则式 (3.1) 和式 (3.2) 可以统一写成

$$\boldsymbol{U} = f(\phi_1 \quad \phi_2 \quad \cdots \quad \phi_N) \tag{3.3}$$

$$\dot{\boldsymbol{U}} = \sum_{N=1}^{N} \frac{\partial \boldsymbol{U}}{\partial \phi_N} \dot{\phi}_N \tag{3.4}$$

由机构的特点可知，式 (3.1) 和式 (3.3) 均是非线性方程，但是式 (3.2) 和式 (3.4) 是线性方程。

由机构学知识可知，偏导数 $\partial U/\partial\phi_1$，$\partial U/\partial\phi_2$，$\cdots$，$\partial U/\partial\phi_N$ 只与原动件的角位置 (ϕ_1，ϕ_2，$\cdots$，ϕ_N) 和机构的运动学尺寸 (如铰链的方向、位置以及移动副的方向、位置) 有关，与原动件的运动毫无关系。这些与运动不相关的一阶偏导数称为一阶运动影响系数，简称为一阶影响系数。如果用矩阵的形式表示，则式 (3.4) 可以写成

$$\dot{\boldsymbol{U}}=\boldsymbol{G}\dot{\boldsymbol{\Phi}} \tag{3.5}$$

矩阵 $\boldsymbol{G}$ 即称为一阶影响系数矩阵：

$$\boldsymbol{G}=\begin{bmatrix}\dfrac{\partial\boldsymbol{U}}{\partial\phi_1} & \dfrac{\partial\boldsymbol{U}}{\partial\phi_2} & \cdots & \dfrac{\partial\boldsymbol{U}}{\partial\phi_N}\end{bmatrix}_{1\times N}=\begin{bmatrix}\dfrac{\partial f_1}{\partial\phi_1} & \cdots & \dfrac{\partial f_1}{\partial\phi_N}\\ \vdots & & \vdots\\ \dfrac{\partial f_3}{\partial\phi_1} & \cdots & \dfrac{\partial f_3}{\partial\phi_N}\end{bmatrix} \tag{3.6}$$

$$\dot{\boldsymbol{\Phi}}=\{\dot\phi_1\quad\dot\phi_2\quad\cdots\quad\dot\phi_N\}^{\mathrm{T}} \tag{3.7}$$

这里的一阶影响系数矩阵就是通常所提到的雅可比矩阵。如果要表示机构中任何一个构件的加速度的运动，即构件的角速度 ω_i 和所选定点的构件上的线加速度 a_x 及 a_y，那么可以再次把式 (3.2) 或式 (3.4) 对时间求导数：

$$\ddot{\boldsymbol{U}}=\sum_{p=1}^{N}\sum_{q=1}^{N}\frac{\partial^2\boldsymbol{U}}{\partial\phi_p\partial\phi_q}\dot\phi_p\dot\phi_q+\sum_{N=1}^{N}\frac{\partial\boldsymbol{U}}{\partial\phi_N}\ddot\phi_N \tag{3.8}$$

这里的二阶导数 $\partial^2\boldsymbol{U}/(\partial\phi_p\partial\phi_q)$ 定义为二阶运动影响系数或简称二阶影响系数。因

$$\ddot{\boldsymbol{U}}=\{\ddot{\boldsymbol{U}}_1\quad\ddot{\boldsymbol{U}}_2\quad\ddot{\boldsymbol{U}}_3\}^{\mathrm{T}} \tag{3.9}$$

式 (3.8) 也可以表示为矩阵的形式：

$$\ddot{\boldsymbol{U}}=\dot{\boldsymbol{\Phi}}^{\mathrm{T}}\boldsymbol{H}\dot{\boldsymbol{\Phi}}+\boldsymbol{G}\ddot{\boldsymbol{\Phi}} \tag{3.10}$$

式中，

$$\begin{cases}\ddot{\boldsymbol{\Phi}}=\{\ddot\phi_1\quad\ddot\phi_2\quad\cdots\quad\ddot\phi_N\}^{\mathrm{T}}_{N\times1}\\ \boldsymbol{H}=\begin{bmatrix}\dfrac{\partial^2\boldsymbol{U}}{\partial\phi_1\partial\phi_1} & \cdots & \dfrac{\partial^2\boldsymbol{U}}{\partial\phi_1\partial\phi_N}\\ \vdots & & \vdots\\ \dfrac{\partial^2\boldsymbol{U}}{\partial\phi_N\partial\phi_1} & \cdots & \dfrac{\partial^2\boldsymbol{U}}{\partial\phi_N\partial\phi_N}\end{bmatrix}\end{cases} \tag{3.11}$$

3.1.2 动力学模型的建立

前面已结合拉格朗日方法和机构的影响系数建立了该机构的动力学模型，并在运动学的基础上求得各个点的位置矢量。

根据拉格朗日方程，有

$$\frac{\mathrm{d}}{\mathrm{d}t}\left(\frac{\partial \boldsymbol{L}}{\partial \dot{\boldsymbol{q}}_j}\right)-\frac{\partial \boldsymbol{L}}{\partial \boldsymbol{q}_j}=\boldsymbol{f} \tag{3.12}$$

式中，$\boldsymbol{L}=\boldsymbol{P}-\boldsymbol{U}$ 表示拉格朗日函数，$\boldsymbol{P}$ 是系统的动能，$\boldsymbol{U}$ 是系统的势能；$\boldsymbol{q}_j$ 表示广义坐标，$\boldsymbol{q}_j=(\boldsymbol{z}_1\quad \boldsymbol{z}_2\quad \boldsymbol{z}_3)^{\mathrm{T}}$，$\boldsymbol{z}_1$、$\boldsymbol{z}_2$、$\boldsymbol{z}_3$ 分别为移动副 P_1、P_2、P_3 在 z_{b} 方向的位置矢量；$\dot{\boldsymbol{q}}_j$ 表示广义坐标的一阶导数，即 $\dot{\boldsymbol{q}}_j=(\dot{\boldsymbol{z}}_1\quad \dot{\boldsymbol{z}}_2\quad \dot{\boldsymbol{z}}_3)^{\mathrm{T}}$；$\boldsymbol{f}$ 表示对应于广义坐标的广义力。

1. 求移动副总动能

设三个移动副 $P_i(i=1,2,3)$ 的质量分别为 m_1、m_2、m_3，速度分别为 V_1、V_2、V_3，则三个移动副的总动能为

$$P_{\mathrm{a}}=\frac{1}{2}m_1V_1^2+\frac{1}{2}m_2V_2^2+\frac{1}{2}m_3V_3^2=\frac{1}{2}m_1\dot{\boldsymbol{z}}_1^2+\frac{1}{2}m_2\dot{\boldsymbol{z}}_2^2+\frac{1}{2}m_3\dot{\boldsymbol{z}}_3^2 \tag{3.13}$$

因此，移动副总动能的广义坐标表示为

$$\boldsymbol{P}_{\mathrm{a}}=\frac{1}{2}\boldsymbol{V}_{\mathrm{a}}^{\mathrm{T}}\boldsymbol{D}_{\mathrm{a}}\boldsymbol{V}_{\mathrm{a}}=\frac{1}{2}\dot{\boldsymbol{q}}_j^{\mathrm{T}}\boldsymbol{D}_{\mathrm{a}}\dot{\boldsymbol{q}}_j \tag{3.14}$$

式中，$\boldsymbol{D}_{\mathrm{a}}=\mathrm{diag}(m_1\quad m_2\quad m_3)$。

2. 求运动杆件动能

设从动杆 DE、EF、FO_{p}、GM、HN 的质量分别为 m_{DE}、m_{EF}、m_{FO}、m_{GM}、m_{HN}。由机构结构可知

$$\begin{cases}\boldsymbol{V}_F=(0\quad 0\quad 0)^{\mathrm{T}}\\ \boldsymbol{\omega}_F=(0\quad \omega_F\quad 0)^{\mathrm{T}}\end{cases} \tag{3.15}$$

铰链点 O_{p} 的速度 $\boldsymbol{V}_{O_{\mathrm{p}}}$ 为

$$\boldsymbol{V}_{O_{\mathrm{p}}}=\boldsymbol{V}_F+\boldsymbol{\omega}_F\times\boldsymbol{r}_{FO_{\mathrm{p}}}=\boldsymbol{\omega}_F\times\boldsymbol{r}_{FO_{\mathrm{p}}} \tag{3.16}$$

式中，$\boldsymbol{r}_{FO_{\mathrm{p}}}$ 为铰链点 F 到铰链点 O_{p} 的矢量；$\boldsymbol{\omega}_F$ 为杆 EFJ 绕铰链点 F 转动的角速度；$\boldsymbol{V}_F$ 表示铰链点 F 的速度矢量。

由前面的运动学分析可知

$$\boldsymbol{V}_{O_\mathrm{p}}=\begin{cases}V_x=\tau V_1\cos\theta\\V_y=0\\V_z=-\tau V_1\sin\theta\end{cases}\tag{3.17}$$

可得

$$\boldsymbol{\omega}_F=\begin{pmatrix}0 & \dfrac{\tau V_1}{e} & 0\end{pmatrix}^\mathrm{T}=\begin{bmatrix}0&0&0\\\dfrac{\tau}{e}&0&0\\0&0&0\end{bmatrix}\begin{bmatrix}V_1\\V_2\\V_3\end{bmatrix}=\boldsymbol{A}_{FO_\mathrm{p}}\begin{bmatrix}V_1\\V_2\\V_3\end{bmatrix}\tag{3.18}$$

式中，$\boldsymbol{A}_{FO_\mathrm{p}}=\begin{bmatrix}0&0&0\\\dfrac{\tau}{e}&0&0\\0&0&0\end{bmatrix}$。

可得杆 FO_p 的动能为

$$\boldsymbol{P}_{FO_\mathrm{p}}=\frac{1}{2}\boldsymbol{\omega}_F^\mathrm{T}\boldsymbol{I}_{FO_\mathrm{p}}\boldsymbol{\omega}_F=\frac{1}{2}\dot{\boldsymbol{q}}_j^\mathrm{T}\boldsymbol{D}_{FJ}\dot{\boldsymbol{q}}_j\tag{3.19}$$

式中，$\boldsymbol{I}_{FO_\mathrm{p}}$ 为杆 FO_p 的转动惯量；$\boldsymbol{D}_{FJ}=\boldsymbol{A}_{FO_\mathrm{p}}^\mathrm{T}\boldsymbol{I}_{FJ}\boldsymbol{A}_{FO_\mathrm{p}}$。

因为杆 EF 与杆 FO_p 的转动速度相等，所以杆 EF 的动能为

$$\boldsymbol{P}_{EF}=\frac{1}{2}\boldsymbol{\omega}_F^\mathrm{T}\boldsymbol{I}_{EF}\boldsymbol{\omega}_F=\frac{1}{2}\dot{\boldsymbol{q}}_j^\mathrm{T}\boldsymbol{D}_{EF}\dot{\boldsymbol{q}}_j\tag{3.20}$$

式中，$\boldsymbol{I}_{EF}$ 为杆 EF 的转动惯量；$\boldsymbol{D}_{EF}=\boldsymbol{A}_{FO_\mathrm{p}}^\mathrm{T}\boldsymbol{I}_{EF}\boldsymbol{A}_{FO_\mathrm{p}}$。

已知

$$\begin{cases}\boldsymbol{r}_{DE}=\boldsymbol{E}_\mathrm{b}-\boldsymbol{D}_\mathrm{b}=\left(n\sin(\theta-\varphi)+a \quad 0 \quad m+n\cos(\theta-\varphi)-(l_1+\Delta l_1)\right)^\mathrm{T}\\\boldsymbol{r}_{FE}=\boldsymbol{E}_\mathrm{b}-\boldsymbol{F}_\mathrm{b}=\left(n\sin(\theta-\varphi)+a \quad 0 \quad n\cos(\theta-\varphi)\right)^\mathrm{T}\end{cases}\tag{3.21}$$

式中，$\boldsymbol{r}_{DE}$、$\boldsymbol{r}_{FE}$ 分别为铰链点 D 到铰链点 E 的矢量、铰链点 F 到铰链点 E 的矢量。

设铰链点 E 的速度为 $\boldsymbol{V}_E$，杆 DE 绕点 D 的转动速度为$\boldsymbol{\omega}_D$，则

$$\begin{cases}\boldsymbol{V}_E=\boldsymbol{V}_F+\boldsymbol{\omega}_F\times\boldsymbol{r}_{FE}=\boldsymbol{\omega}_F\times\boldsymbol{r}_{FE}\\\boldsymbol{V}_E=\boldsymbol{V}_D+\boldsymbol{\omega}_D\times\boldsymbol{r}_{DE}\end{cases}\tag{3.22}$$

把式 (3.18)、式 (3.21) 代入式 (3.22)，整理可得

$$\boldsymbol{V}_E = [\ \tau V_1 n\cos(\theta-\varphi)\quad 0\quad -\tau V_1 n\sin(\theta-\varphi)\ ]^{\mathrm{T}} \tag{3.23}$$

$$\boldsymbol{\omega}_D = \left(0\quad \frac{\tau n\sin(\theta-\varphi)+1}{\tau n\cos(\theta-\varphi)+a}V_1\quad 0\right)^{\mathrm{T}} = \boldsymbol{A}_{DE}\begin{bmatrix} V_1 \\ V_2 \\ V_3 \end{bmatrix} \tag{3.24}$$

式中，$\boldsymbol{A}_{DE} = \begin{bmatrix} 0 & 0 & 0 \\ 0 & \dfrac{\tau n\sin(\theta-\varphi)+1}{\tau n\cos(\theta-\varphi)+a} & 0 \\ 0 & 0 & 0 \end{bmatrix}$。

设杆 DE 的质心的速度为 $\boldsymbol{V}_{DE}$，则

$$\begin{aligned}\boldsymbol{V}_{DE} &= \frac{1}{2}(\boldsymbol{V}_D+\boldsymbol{V}_E) = \frac{1}{2}[\ \tau V_1 n\cos(\theta-\varphi)\quad 0\quad -\tau V_1 n\sin(\theta-\varphi)+V_1\ ]^{\mathrm{T}} \\ &= \boldsymbol{B}_{DE}\begin{bmatrix} V_1 \\ V_2 \\ V_3 \end{bmatrix}\end{aligned} \tag{3.25}$$

式中，$\boldsymbol{B}_{DE} = \begin{bmatrix} \tau n\cos(\theta-\varphi) & 0 & 0 \\ 0 & 0 & 0 \\ \tau n\sin(\theta-\varphi)+1 & 0 & 0 \end{bmatrix}$。

可得杆 DE 的动能为

$$\boldsymbol{P}_{DE} = \frac{1}{2}\boldsymbol{V}_{DE}^{\mathrm{T}}\boldsymbol{M}_{DE}\boldsymbol{V}_{DE} = \frac{1}{2}\dot{\boldsymbol{q}}_j^{\mathrm{T}}\boldsymbol{D}_{DE}\dot{\boldsymbol{q}}_j \tag{3.26}$$

式中，$\boldsymbol{D}_{DE} = \boldsymbol{B}_{DE}^{\mathrm{T}}\boldsymbol{M}_{DE}\boldsymbol{B}_{DE}$，$\boldsymbol{M}_{DE} = \mathrm{diag}(m_{DE}\quad m_{DE}\quad m_{DE})$ 为杆 DE 的质量矩阵。

下面求杆 GM、HN 的动能。$\boldsymbol{V}_M$ 和 $\boldsymbol{V}_N$ 表示铰链点 M 和 N 的速度矢量，$\boldsymbol{r}_{JM}$ 和 $\boldsymbol{r}_{JN}$ 分别为铰链点 J 到铰链点 M 和 N 的矢量，以 $\boldsymbol{V}_G$ 和 $\boldsymbol{V}_H$ 表示铰链点 G 和 H 的速度矢量，$\boldsymbol{r}_{GM}$ 和 $\boldsymbol{r}_{HN}$ 分别为铰链点 G 到点 M 和铰链点 H 到点 N 的矢量，$\boldsymbol{\omega}_G$、$\boldsymbol{\omega}_H$、$\boldsymbol{\omega}$分别为杆 GM、HN、动平台的转动速度，有

$$\begin{aligned}\boldsymbol{V}_M &= \boldsymbol{V}_{O_{\mathrm{p}}} + \boldsymbol{\omega}\times\boldsymbol{r}_{O_{\mathrm{p}}M} = \boldsymbol{V}_{O_{\mathrm{p}}} + (\omega_x\quad \omega_y\quad \omega_z)^{\mathrm{T}} \\ &\quad \times\left[\boldsymbol{T}\left(-\sqrt{k^2-\frac{h^2}{4}}\quad -\frac{h}{2}\quad 0\right)^{\mathrm{T}}\right]\end{aligned} \tag{3.27}$$

由式 (3.27) 可得

$$\boldsymbol{V}_M=\boldsymbol{J}_M\begin{bmatrix}V_1\\V_2\\V_3\end{bmatrix}\tag{3.28}$$

式中，

$$\boldsymbol{J}_M=\begin{bmatrix}1&0&0&0&-\sqrt{k^2-\dfrac{h^2}{4}}T_{31}-\dfrac{h}{2}T_{32}&0\\0&1&0&\sqrt{k^2-\dfrac{h^2}{4}}T_{31}+\dfrac{h}{2}T_{32}&0&0\\0&0&1&-\sqrt{k^2-\dfrac{h^2}{4}}T_{21}-\dfrac{h}{2}T_{22}&-\sqrt{k^2-\dfrac{h^2}{4}}T_{31}-\dfrac{h}{2}T_{12}&0\end{bmatrix}\begin{bmatrix}\boldsymbol{J}_V\\\boldsymbol{J}_\omega\end{bmatrix}$$

$\boldsymbol{T}_{ij}$ 为姿态转换矩阵的第 i 行第 j 列，$i=1,2,3$，$j=1,2,3$。

已知

$$\begin{cases}\boldsymbol{V}_M=\boldsymbol{V}_G+\boldsymbol{\omega}_G\times\boldsymbol{r}_{GM}\\\boldsymbol{V}_M=\boldsymbol{V}_{O_\mathrm{p}}+\boldsymbol{\omega}\times\boldsymbol{r}_{O_\mathrm{p}M}\end{cases}\tag{3.29}$$

则

$$\boldsymbol{\omega}_G=\boldsymbol{J}_G\begin{bmatrix}V_1\\V_2\\V_3\end{bmatrix}\tag{3.30}$$

式中，

$$\boldsymbol{J}_G=\left[\begin{matrix}0&0&0&\dfrac{-\sqrt{k^2-\dfrac{h^2}{4}T_{31}-\dfrac{h}{2}T_{32}}}{-\sqrt{k^2-\dfrac{h^2}{4}T_{31}-\dfrac{h}{2}T_{32}+l_2+\Delta l_2}}\\\dfrac{\tau\cos\theta}{-\sqrt{k^2-\dfrac{h^2}{4}T_{31}-\dfrac{h}{2}T_{32}+l_2+\Delta l_2}}&0&0&0\\0&0&0&0\end{matrix}\right.$$

$$\begin{bmatrix} \cdots & 0 & 0 \\ \cdots & 0 & 0 \\ \cdots & \dfrac{-\sqrt{k^2-\dfrac{h^2}{4}}T_{31}-\dfrac{h}{2}T_{32}}{-\sqrt{k^2-\dfrac{h^2}{4}}T_{31}-\dfrac{h}{2}T_{32}+l_2+\Delta l_2} & 0 \end{bmatrix}\begin{bmatrix} \boldsymbol{E} \\ \boldsymbol{J}_{\omega} \end{bmatrix}$$

$\boldsymbol{E}$ 为三阶单位矩阵。

可得杆 GM 质心点的速度为

$$\boldsymbol{V}_{GM}=\frac{1}{2}\left(\boldsymbol{V}_G+\boldsymbol{V}_M\right)=\boldsymbol{J}_{GM}\begin{bmatrix} V_1 \\ V_2 \\ V_3 \end{bmatrix} \tag{3.31}$$

式中，

$$\boldsymbol{J}_{GM}=\frac{1}{2}\begin{bmatrix} \tau\cos\theta & 0 & 0 & 0 & -\sqrt{k^2-\dfrac{h^2}{4}}T_{31}-\dfrac{h}{2}T_{32} & 0 \\ 0 & 0 & 0 & \sqrt{k^2-\dfrac{h^2}{4}}T_{31}+\dfrac{h}{2}T_{32} & 0 & 0 \\ -\tau\sin\theta & 1 & 0 & \sqrt{k^2-\dfrac{h^2}{4}}T_{21}+\dfrac{h}{2}T_{22} & \sqrt{k^2-\dfrac{h^2}{4}}T_{11}-\dfrac{h}{2}T_{12} & 0 \end{bmatrix}$$

$$\cdot\begin{bmatrix} \boldsymbol{E} \\ \boldsymbol{J}_{\omega} \end{bmatrix}$$

可得杆 GM 的动能为

$$\boldsymbol{P}_{GM}=\frac{1}{2}\boldsymbol{V}_{GM}^{\mathrm{T}}\boldsymbol{M}_{GM}\boldsymbol{V}_{GM}=\frac{1}{2}\dot{\boldsymbol{q}}_j^{\mathrm{T}}\boldsymbol{D}_{GM}\dot{\boldsymbol{q}}_j \tag{3.32}$$

式中，$\boldsymbol{D}_{GM}=\boldsymbol{J}_{GM}^{\mathrm{T}}\boldsymbol{M}_{GM}\boldsymbol{J}_{GM}$，$\boldsymbol{M}_{GM}=\mathrm{diag}(m_{GM}\quad m_{GM}\quad m_{GM})$ 为杆 GM 的质量矩阵。

同理可知

$$\boldsymbol{V}_N=\boldsymbol{V}_{O_{\mathrm{p}}}+\boldsymbol{\omega}\times\boldsymbol{r}_{O_{\mathrm{p}}N}$$

$$=\boldsymbol{V}_{O_\mathrm{p}}+\begin{pmatrix}\omega_x & \omega_y & \omega_z\end{pmatrix}^\mathrm{T}\times\left[\boldsymbol{T}\begin{pmatrix}-\sqrt{k^2-\dfrac{h^2}{4}} & -\dfrac{h}{2} & 0\end{pmatrix}^\mathrm{T}\right] \tag{3.33}$$

由式 (3.33) 可得

$$\boldsymbol{V}_N=\boldsymbol{J}_N\begin{bmatrix}V_1\\V_2\\V_3\end{bmatrix} \tag{3.34}$$

式中，

$$\boldsymbol{J}_N=\begin{bmatrix}1&0&0&0&-\sqrt{k^2-\dfrac{h^2}{4}}T_{31}+\dfrac{h}{2}T_{32}&0\\0&1&0&\sqrt{k^2-\dfrac{h^2}{4}}T_{31}-\dfrac{h}{2}T_{32}&0&0\\0&0&1&\sqrt{k^2-\dfrac{h^2}{4}}T_{21}-\dfrac{h}{2}T_{22}&\sqrt{k^2-\dfrac{h^2}{4}}T_{31}-\dfrac{h}{2}T_{12}&0\end{bmatrix}$$

$$\cdot\begin{bmatrix}\boldsymbol{J}_V\\\boldsymbol{J}_\omega\end{bmatrix}$$

$\boldsymbol{T}$ 为姿态矩阵。

已知

$$\begin{cases}\boldsymbol{V}_N=\boldsymbol{V}_H+\boldsymbol{\omega}_H\times\boldsymbol{r}_{HN}\\\boldsymbol{V}_N=\boldsymbol{V}_{O_\mathrm{p}}+\boldsymbol{\omega}\times\boldsymbol{r}_{O_\mathrm{p}N}\end{cases} \tag{3.35}$$

由式 (3.22) 和式 (3.24) 可得

$$\boldsymbol{\omega}_H=\boldsymbol{J}_H\begin{bmatrix}V_1\\V_2\\V_3\end{bmatrix} \tag{3.36}$$

式中，

$$
\boldsymbol{J}_H=\begin{bmatrix}
0 & 0 & 0 & \dfrac{-\sqrt{k^2-\dfrac{h^2}{4}}T_{31}+\dfrac{h}{2}T_{32}}{-\sqrt{k^2-\dfrac{h^2}{4}}T_{31}+\dfrac{h}{2}T_{32}+l_3} & 0 & 0 \\
\dfrac{\tau\cos\theta}{-\sqrt{k^2-\dfrac{h^2}{4}}T_{31}+\dfrac{h}{2}T_{32}+l_3} & 0 & 0 & 0 & \dfrac{-\sqrt{k^2-\dfrac{h^2}{4}}T_{31}+\dfrac{h}{2}T_{32}}{-\sqrt{k^2-\dfrac{h^2}{4}}T_{31}+\dfrac{h}{2}T_{32}+l_3} & 0 \\
0 & 0 & 0 & 0 & 0 & 0
\end{bmatrix}\begin{bmatrix}\boldsymbol{E}\\ \boldsymbol{J}_\omega\end{bmatrix}
$$

可得杆 HN 质心点的速度为

$$
\boldsymbol{V}_{HN}=\frac{1}{2}(\boldsymbol{V}_H+\boldsymbol{V}_N)=\boldsymbol{J}_{HN}\begin{bmatrix}V_1\\ V_2\\ V_3\end{bmatrix} \tag{3.37}
$$

式中，

$$
\boldsymbol{J}_{HN}=\frac{1}{2}\begin{bmatrix}
\tau\cos\theta & 0 & 0 & 0 & -\sqrt{k^2-\dfrac{h^2}{4}}T_{31}+\dfrac{h}{2}T_{32} & 0\\
0 & 0 & 0 & \sqrt{k^2-\dfrac{h^2}{4}}T_{31}-\dfrac{h}{2}T_{32} & 0 & 0\\
-\tau\sin\theta & 1 & 0 & \sqrt{k^2-\dfrac{h^2}{4}}T_{21}-\dfrac{h}{2}T_{22} & \sqrt{k^2-\dfrac{h^2}{4}}T_{11}-\dfrac{h}{2}T_{12} & 0
\end{bmatrix}\begin{bmatrix}\boldsymbol{E}\\ \boldsymbol{J}_\omega\end{bmatrix}
$$

可得杆 HN 的动能为

$$
\boldsymbol{P}_{HN}=\frac{1}{2}\boldsymbol{V}_{HN}^{\mathrm{T}}\boldsymbol{M}_{HN}\boldsymbol{V}_{HN}+\frac{1}{2}\boldsymbol{\omega}_H^{\mathrm{T}}\boldsymbol{I}_{HN}\boldsymbol{\omega}_H=\frac{1}{2}\dot{\boldsymbol{q}}_j^{\mathrm{T}}\boldsymbol{D}_{HN}\dot{\boldsymbol{q}}_j \tag{3.38}
$$

式中，$\boldsymbol{D}_{HN}=\boldsymbol{J}_{HN}^{\mathrm{T}}\boldsymbol{M}_{HN}\boldsymbol{J}_{HN}$，$\boldsymbol{M}_{HN}=\mathrm{diag}(m_{HN}\quad m_{HN}\quad m_{HN})$ 为杆 HN 的质量矩阵。

3. 求动平台动能

设动平台的质量为 m_{d}，质心的线速度速度矢量为 $\boldsymbol{V}_{\mathrm{d}}$，角速度矢量为$\boldsymbol{\omega}_{\mathrm{d}}$，已知铰链点 $\boldsymbol{J}$ 的速度与三个移动副的速度之间的关系为

$$\begin{bmatrix} \boldsymbol{V} \\ \boldsymbol{\omega} \end{bmatrix} = \begin{bmatrix} \boldsymbol{J}_V \\ \boldsymbol{J}_\omega \end{bmatrix} \begin{bmatrix} V_1 \\ V_2 \\ V_3 \end{bmatrix} \tag{3.39}$$

可得动平台质心点的速度 $\boldsymbol{V}_{\mathrm{d}}$ 为

$$\begin{aligned} \boldsymbol{V}_{\mathrm{d}} = & \boldsymbol{V}_{O_{\mathrm{p}}} + \boldsymbol{\omega} \times \boldsymbol{r}_{\mathrm{d}} = \boldsymbol{V}_{O_{\mathrm{p}}} + \begin{pmatrix} \omega_x & \omega_y & \omega_z \end{pmatrix}^{\mathrm{T}} \\ & \times \left[\boldsymbol{T} \begin{pmatrix} -\dfrac{2}{3}\sqrt{k^2 - \dfrac{h^2}{4}} & 0 & 0 \end{pmatrix}^{\mathrm{T}} \right] \end{aligned} \tag{3.40}$$

式中，$\boldsymbol{r}_{\mathrm{d}}$ 为在动坐标系 $\{P\}$ 下点 J 到动平台质心点的矢量。

由式 (3.39)、式 (3.40) 可得

$$\boldsymbol{V}_{\mathrm{d}} = \boldsymbol{J}_{\mathrm{d}} \begin{bmatrix} \boldsymbol{V} \\ \boldsymbol{\omega} \end{bmatrix} = \boldsymbol{J}_{\mathrm{d}} \begin{bmatrix} \boldsymbol{J}_V \\ \boldsymbol{J}_\omega \end{bmatrix} \begin{bmatrix} V_1 \\ V_2 \\ V_3 \end{bmatrix} \tag{3.41}$$

式中，$\boldsymbol{J}_{\mathrm{d}} = \begin{bmatrix} 1 & 0 & 0 & 0 & -\dfrac{2}{3}\sqrt{k^2 - \dfrac{h^2}{4}}T_{31} & 0 \\ 0 & 1 & 0 & \dfrac{2}{3}\sqrt{k^2 - \dfrac{h^2}{4}}T_{31} & 0 & -\dfrac{2}{3}\sqrt{k^2 - \dfrac{h^2}{4}}T_{11} \\ 0 & 0 & 1 & -\dfrac{2}{3}\sqrt{k^2 - \dfrac{h^2}{4}}T_{21} & \dfrac{2}{3}\sqrt{k^2 - \dfrac{h^2}{4}}T_{11} & 0 \end{bmatrix}$。

因此，动平台质心的速度矢量为

$$\begin{bmatrix} \boldsymbol{V}_{\mathrm{d}} \\ \boldsymbol{\omega} \end{bmatrix} = \boldsymbol{J}_3 \begin{bmatrix} \boldsymbol{V} \\ \boldsymbol{\omega} \end{bmatrix} = \boldsymbol{J}_3 \begin{bmatrix} \boldsymbol{J}_V \\ \boldsymbol{J}_\omega \end{bmatrix} \begin{bmatrix} V_1 \\ V_2 \\ V_3 \end{bmatrix} \tag{3.42}$$

式中，$J_3 = \begin{bmatrix} 1 & 0 & 0 & 0 & -\dfrac{2}{3}\sqrt{k^2-\dfrac{h^2}{4}}T_{31} & 0 \\ 0 & 1 & 0 & \dfrac{2}{3}\sqrt{k^2-\dfrac{h^2}{4}}T_{31} & 0 & -\dfrac{2}{3}\sqrt{k^2-\dfrac{h^2}{4}}T_{11} \\ 0 & 0 & 1 & -\dfrac{2}{3}\sqrt{k^2-\dfrac{h^2}{4}}T_{21} & \dfrac{2}{3}\sqrt{k^2-\dfrac{h^2}{4}}T_{11} & 0 \\ 0 & 0 & 0 & 1 & 0 & 0 \\ 0 & 0 & 0 & 0 & 1 & 0 \\ 0 & 0 & 0 & 0 & 0 & 1 \end{bmatrix}$。

可得动平台的动能广义坐标表达式为

$$\boldsymbol{P}_{\rm d} = \frac{1}{2}\boldsymbol{V}_{\rm d}^{\rm T}\boldsymbol{M}_{\rm d}\boldsymbol{V} = \frac{1}{2}\dot{\boldsymbol{q}}_j^{\rm T}\boldsymbol{D}_{\rm d}\dot{\boldsymbol{q}}_j \tag{3.43}$$

式中，$\boldsymbol{D}_{\rm d} = \left(\boldsymbol{J}_{\rm d}\begin{bmatrix}\boldsymbol{J}_V \\ \boldsymbol{J}_\omega\end{bmatrix}\right)^{\rm T}$；$\boldsymbol{M}_{\rm d} = {\rm diag}(m_{\rm d}\quad m_{\rm d}\quad m_{\rm d})$ 为动平台的质量矩阵。

4. 建立动力学模型

综合式 (3.14)、式 (3.19)、式 (3.20)、式 (3.26)、式 (3.32)、式 (3.38) 和式 (3.43)，得到系统总的动能为

$$\boldsymbol{P} = \boldsymbol{P}_{\rm a} + \boldsymbol{P}_{FJ} + \boldsymbol{P}_{EF} + \boldsymbol{P}_{DE} + \boldsymbol{P}_{GM} + \boldsymbol{P}_{HN} + \boldsymbol{P}_{\rm d} = \frac{1}{2}\dot{\boldsymbol{q}}_j^{\rm T}\boldsymbol{D}\dot{\boldsymbol{q}}_j \tag{3.44}$$

式中，$\boldsymbol{D} = \boldsymbol{D}_{\rm a}+\boldsymbol{D}_{FJ}+\boldsymbol{D}_{EF}+\boldsymbol{D}_{DE}+\boldsymbol{D}_{GM}+\boldsymbol{D}_{HN}+\boldsymbol{D}_{\rm d}$。

取 $X_{\rm b}$-$O_{\rm b}$-$Y_{\rm b}$ 面为零势能面，则系统的势能为零。将系统总动能 $\boldsymbol{P}$ 代入拉格朗日方程，可得

$$\frac{\rm d}{{\rm d}t}\left(\frac{\partial \boldsymbol{L}}{\partial \dot{\boldsymbol{q}}_j}\right) - \frac{\partial \boldsymbol{L}}{\partial \boldsymbol{q}_j} = \frac{\rm d}{{\rm d}t}\left(\frac{\partial \boldsymbol{T}}{\partial \dot{\boldsymbol{q}}_j}\right) - \frac{\partial \boldsymbol{T}}{\partial \boldsymbol{q}_j} - \frac{\rm d}{{\rm d}t}\left(\frac{\partial \boldsymbol{U}}{\partial \dot{\boldsymbol{q}}_j}\right) + \frac{\partial \boldsymbol{U}}{\partial \boldsymbol{q}_j} = \frac{\rm d}{{\rm d}t}\left(\frac{\partial \boldsymbol{T}}{\partial \dot{\boldsymbol{q}}_j}\right) - \frac{\partial \boldsymbol{T}}{\partial \boldsymbol{q}_j} \tag{3.45}$$

对广义坐标 z_1 进行运算，则

$$\frac{\partial \boldsymbol{T}}{\partial \dot{z}_1} = \frac{1}{2}\boldsymbol{d}_1\boldsymbol{D}\dot{\boldsymbol{q}}_j + \frac{1}{2}\dot{\boldsymbol{q}}_j^{\rm T}\boldsymbol{D}\boldsymbol{d}_1^{\rm T} = \boldsymbol{d}_1\boldsymbol{D}\dot{\boldsymbol{q}}_j \tag{3.46}$$

$$\frac{{\rm d}\left(\dfrac{\partial \boldsymbol{T}}{\partial \dot{z}_1}\right)}{{\rm d}t} = \boldsymbol{d}_1\left[\frac{{\rm d}\boldsymbol{D}}{{\rm d}t}\right]\dot{\boldsymbol{q}}_j + \boldsymbol{d}_1\boldsymbol{D}\ddot{\boldsymbol{q}}_j,\quad \frac{\partial \boldsymbol{T}}{\partial z_1} = \frac{1}{2}\dot{\boldsymbol{q}}_j^{\rm T}\left[\frac{\partial \boldsymbol{D}}{\partial z_1}\right]\dot{\boldsymbol{q}}_j \tag{3.47}$$

式中，$\boldsymbol{d}_1 = (1\quad 0\quad 0)$ 为 $\dot{\boldsymbol{q}}_j^{\rm T} = (\dot{z}_1\quad \dot{z}_2\quad \dot{z}_3)$ 对 $\dot{z}_1$ 的偏导数[10]。

令 $\boldsymbol{M}_1=\boldsymbol{d}_1\boldsymbol{D}$，同理可得 $\boldsymbol{M}_2=\boldsymbol{d}_2\boldsymbol{D}$，$\boldsymbol{M}_3=\boldsymbol{d}_3\boldsymbol{D}$。式中，$\boldsymbol{d}_2=(1\quad 0\quad 0)$，$\boldsymbol{d}_3=(1\quad 0\quad 0)$，分别为 $\dot{\boldsymbol{q}}_j^{\mathrm{T}}=(\dot{z}_1\quad \dot{z}_2\quad \dot{z}_3)$ 对 $\dot{z}_2$ 和 $\dot{z}_3$ 的偏导数。

因此，惯性矩阵为

$$\boldsymbol{M}=\begin{bmatrix}\boldsymbol{M}_1\\ \boldsymbol{M}_2\\ \boldsymbol{M}_3\end{bmatrix} \tag{3.48}$$

令 $\boldsymbol{H}_1=\boldsymbol{d}_1\left[\dfrac{\mathrm{d}\boldsymbol{D}}{\mathrm{d}t}-\dfrac{1}{2}\dot{\boldsymbol{q}}^{\mathrm{T}}\left[\dfrac{\partial\boldsymbol{D}}{\partial q_1}\right]\right]$，$\boldsymbol{H}_2=\boldsymbol{d}_2\left[\dfrac{\mathrm{d}\boldsymbol{D}}{\mathrm{d}t}-\dfrac{1}{2}\dot{\boldsymbol{q}}^{\mathrm{T}}\left[\dfrac{\partial\boldsymbol{D}}{\partial q_2}\right]\right]$，$\boldsymbol{H}_3=\boldsymbol{d}_3\left[\dfrac{\mathrm{d}\boldsymbol{D}}{\mathrm{d}t}-\dfrac{1}{2}\dot{\boldsymbol{q}}^{\mathrm{T}}\left[\dfrac{\partial\boldsymbol{D}}{\partial q_3}\right]\right]$，则哥氏力和离心力项为

$$\boldsymbol{H}=\begin{bmatrix}\boldsymbol{H}_1\\ \boldsymbol{H}_2\\ \boldsymbol{H}_3\end{bmatrix} \tag{3.49}$$

将拟人机械腿的动力学方程写成一般形式：

$$\boldsymbol{M}(q)\ddot{\boldsymbol{q}}+\boldsymbol{H}(q,\dot{q})\dot{\boldsymbol{q}}+\boldsymbol{G}(q)=\boldsymbol{f} \tag{3.50}$$

式中，$\boldsymbol{M}(q)$ 为惯性项；$\boldsymbol{H}(q,\dot{q})$ 为哥氏力和离心力项；$\boldsymbol{G}(q)$ 为重力项；$\boldsymbol{f}$ 为控制输入矢量。

3.2　拟人机械腿伺服电机模型预估

3.2.1　电机驱动结构简述

驱动三个移动副的三个伺服电机分别通过联轴器与丝杠连接、移动副和丝杠螺母固定连接，如图 3.2 所示。电机的转动带动丝杠的转动，丝杠只转动而不移动，与丝杠配合的丝杠螺母产生直线位移，从而带动移动副移动，最终实现膝关节和踝关节的运动。

这里选用的丝杆是单线螺纹丝杠，材料为 45 号钢，螺距 $P=1.25\mathrm{mm}$，公称直径 $d=8\mathrm{mm}$，螺纹为梯形粗牙普通螺纹，牙形角 $\lambda=30°$。

3.2.2　伺服电机转速预估

已求出三个直线移动副的移动速度与膝关节和踝关节转动角度的关系，移动副的运动是由电机转动通过丝杠传动传递过来的，因为移动副的运动方式是直线

运动，所以要求根据丝杠传递运动的特点把电机的转动速度由线速度转换成角速度。

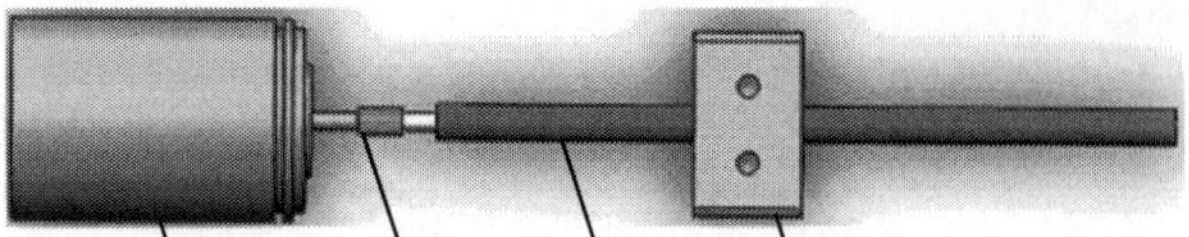

图 3.2　伺服电机驱动结构图

设三个电机的转动角速度分别为 ω_1、ω_2、ω_3，分别对应于移动副 P_1、P_2、P_3。易得电机的转动速度等于丝杠的转动速度，由丝杠传递运动的特点可得

$$\begin{cases} V_1 t = P_1 \cdot \dfrac{\omega_1 t}{2\pi} \\ V_2 t = P_2 \cdot \dfrac{\omega_2 t}{2\pi} \\ V_3 t = P_3 \cdot \dfrac{\omega_3 t}{2\pi} \end{cases} \tag{3.51}$$

可得

$$\begin{cases} \omega_1 = \dfrac{2\pi V_1}{P_1} \\ \omega_2 = \dfrac{2\pi V_2}{P_2} \\ \omega_3 = \dfrac{2\pi V_3}{P_3} \end{cases} \tag{3.52}$$

式 (3.52) 为电机转动速度与膝关节和踝关节转动角度之间的关系式。

3.2.3　电机转速仿真

已知膝关节和踝关节转动角度的运动规律，运用 MATLAB 软件进行仿真，得到三个伺服电机转动速度的运动规律，如图 3.3 所示。如果使用四线螺纹丝杠，则其仿真结果如图 3.4 所示。

图 3.3 显示了使用单线螺纹丝杠时三个电机转动角速度的变化规律，图 3.4 显示了使用四线螺纹丝杠时三个电机转动角速度的变化规律。由图 3.3 和图 3.4 可以看出，丝杠螺纹线的线数越多，电机的转动角速度越小；反之，电机的转动角速度越大。

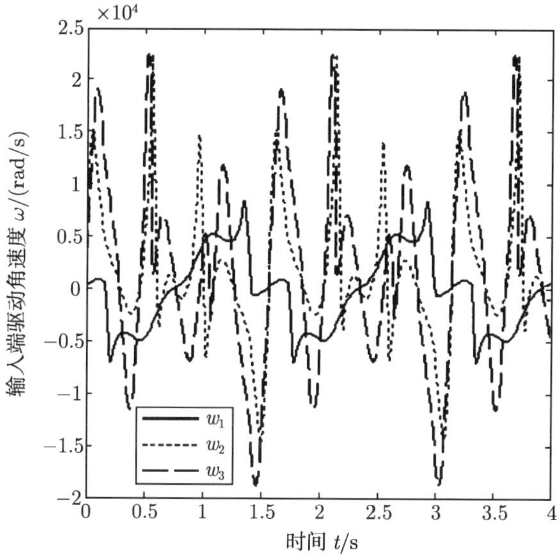

图 3.3　单线螺纹三个伺服电机的转动角速度变化规律

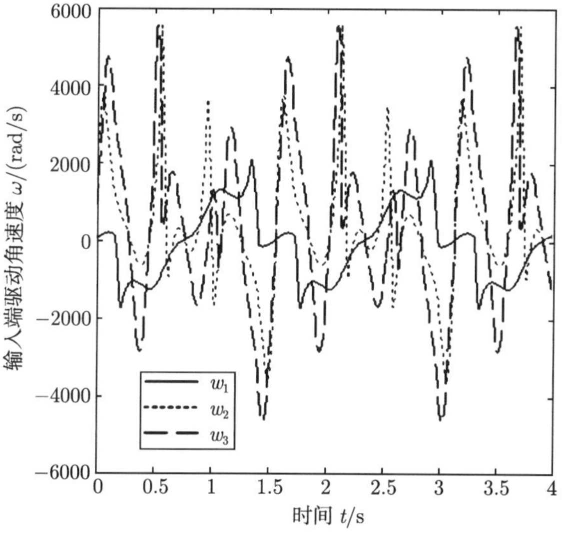

图 3.4　四线螺纹三个伺服电机的转动角速度变化规律

3.3　伺服电机转矩预估

3.3.1　空间机构静力学基础

雅可比矩阵是空间机构性能分析的一个非常重要的工具，空间机构的驱动杆

与动平台 (操作器) 之间的力映射关系可以通过力雅可比矩阵[11,12] 来进行。

为了方便起见，将操作器末端所受到的外力 $\boldsymbol{f}_n$ 和力矩 $\boldsymbol{m}_n$ 组成一个六维矢量，记为

$$\boldsymbol{F}_n = \begin{bmatrix} \boldsymbol{f}_n \\ \boldsymbol{m}_n \end{bmatrix} \tag{3.53}$$

式中，$\boldsymbol{F}_n$ 为终端广义力矢量 (vector of generalized force)。

将每个关节的驱动力 (或力矩) 组成的 n 维矢量：

$$\boldsymbol{\tau} = \begin{bmatrix} \tau_1 \\ \tau_2 \\ \vdots \\ \tau_n \end{bmatrix} \tag{3.54}$$

式中，$\boldsymbol{\tau}$ 称为关节力矩矢量。

如果把关节力矩矢量当作操作器的驱动装置的输入，把在操作器末端所产生的广义力当作操作器的输出，那么可以建立它们之间的关系。

通过虚功原理，可以推导出末端的广义力矢量 $\boldsymbol{F}_n$ 和与其对应的关节力矩矢量 $\boldsymbol{\tau}$ 两者之间的相互关系。假设终端操作器所对应的虚位移为 $\boldsymbol{D}$，各个关节的虚位移为 δ_{q_i}。另外，虚位移是在满足机械系统的几何约束条件下的任意无限小位移。相应地，各关节所做虚功的总和为

$$w = \boldsymbol{\tau}^{\mathrm{T}} \cdot \boldsymbol{\delta}_q = \tau_1\delta_{q_1} + \tau_2\delta_{q_2} + \cdots + \tau_n\delta_{q_n} \tag{3.55}$$

末端的操作器做的虚功为

$$w = \boldsymbol{F}^{\mathrm{T}} \cdot \boldsymbol{D} = f_x d_x + f_y d_y + f_z d_z + m_x\delta_x + m_y\delta_y + m_z\delta_z \tag{3.56}$$

通过虚功原理，操作器在平衡的情况下，在任意的虚位移下所产生的虚功的总和是零，也就是说操作空间的虚位移产生的虚功等于关节空间的虚位移产生的虚功，即

$$\boldsymbol{\tau}^{\mathrm{T}} \cdot \boldsymbol{\delta}_q = \boldsymbol{F}^{\mathrm{T}} \cdot \boldsymbol{D} \tag{3.57}$$

注意到虚位移 δ_{q_i} 和 $\boldsymbol{D}$ 之间并非独立，应该满足几何约束条件。两者之间的几何约束由雅可比矩阵所规定，应满足

$$\boldsymbol{D} = \boldsymbol{J}\boldsymbol{\delta}_q \tag{3.58}$$

将式 (3.58) 代入式 (3.57)，可得

$$\boldsymbol{\tau} = \boldsymbol{J}^{\mathrm{T}}\boldsymbol{F} \tag{3.59}$$

式中，$\boldsymbol{J}$ 是操作器的雅可比矩阵；$\boldsymbol{J}$ 的转置 $\boldsymbol{J}^{\mathrm{T}}$ 就是力雅可比矩阵，它把作用在末端的广义力映射为相应的关节驱动力矩。

式 (3.59) 表明，若不考虑关节之间的摩擦力，在外力 $\boldsymbol{F}$ 的作用下，操作器保持平衡的条件是关节驱动力矩满足式 (3.59)。

这里实际上也证实了力雅可比矩阵是运动雅可比矩阵的转置。值得注意的是，如果雅可比矩阵 $\boldsymbol{J}$ 不是满秩，那么沿着某些方向末端操作器处于失控状态，不能施加所需的力或力矩。这时，沿着这些方向的广义力 $\boldsymbol{P}$ 可随意增加或减小，对于关节力矩 $\boldsymbol{\tau}$ 的大小不产生影响。这表明当机构的形态接近奇异状时，很小的关节力矩可能产生非常大的末端操作力。

3.3.2　伺服电机力矩预估模型

将该机构的动力学方程写成如下一般形式：

$$\boldsymbol{M}(q)\,\ddot{\boldsymbol{q}} + \boldsymbol{H}(q,\dot{q})\,\dot{\boldsymbol{q}} = \boldsymbol{f} \tag{3.60}$$

式中，$\boldsymbol{M}(q)$ 为惯性项；$\boldsymbol{H}(q,\dot{q})$ 为哥氏力和离心力项；$\boldsymbol{f}$ 为控制输入矢量。

伺服电机驱动力的表达式为

$$\boldsymbol{f} = \boldsymbol{M}(q)\,\ddot{\boldsymbol{q}} + \boldsymbol{H}(q,\dot{q})\,\dot{\boldsymbol{q}} \tag{3.61}$$

由第 2 章中的运动学反解可得

$$\boldsymbol{f} = \boldsymbol{M}(\alpha,\beta,\theta)\,\ddot{\boldsymbol{q}}(\alpha,\beta,\theta) + \boldsymbol{H}(\alpha,\beta,\theta)\,\dot{\boldsymbol{q}}(\alpha,\beta,\theta) \tag{3.62}$$

考虑到伺服电机快速启动的情况，可以忽略哥氏力和离心力项[13]，伺服电机的峰值力矩为

$$\boldsymbol{f} = \boldsymbol{M}(\alpha,\beta,\theta)\,\ddot{\boldsymbol{q}}(\alpha,\beta,\theta) \tag{3.63}$$

则

$$\|\boldsymbol{f}\| = \|\boldsymbol{M}(\alpha,\beta,\theta)\|\,\|\ddot{\boldsymbol{q}}(\alpha,\beta,\theta)\| \tag{3.64}$$

由于 $\boldsymbol{M}(q)$ 都随姿态变化，取它们的全域最大值来抵抗哥氏力和离心力项引起的负载力矩，则伺服电机的峰值预估模型为

$$\|\boldsymbol{f}\|_{\max} = \|\boldsymbol{M}(\alpha,\beta,\theta)\|_{\max}\,\|\ddot{\boldsymbol{q}}(\alpha,\beta,\theta)\|_{\max} \tag{3.65}$$

式中，$\|\ddot{\boldsymbol{q}}(\alpha,\beta,\theta)\|_{\max}$ 为移动副在关节空间的最大加速度。

计算可得三个电机的最大驱动力为

$$\|\boldsymbol{f}\|_{\max}=3.195(\mathrm{N}) \tag{3.66}$$

在式 (3.61) 中，$\boldsymbol{f}$ 为广义力，广义坐标选取不同，则广义力所代表的含义不同。如果选取动平台的转动角度作为广义坐标，那么根据动力学模型所求得的广义力不是驱动力，还要乘以一个关节空间与操作空间的力雅可比矩阵。对于该机械腿机构，选取三个移动副的输入位移作为广义坐标，那么广义力 $\boldsymbol{f}$ 的大小就是电机驱动力的大小，不用再求解力雅可比矩阵。在式 (3.63) 中，已知 α、β、θ 的运动规律，在运动反解中求得 α、β、θ 与广义坐标的关系，因此可以很容易地求出广义力 $\boldsymbol{f}$ 的大小。

3.3.3 电机力矩仿真

因为电机是通过丝杠把电机的转矩转换成移动副的驱动力，所以要把移动副所受的驱动力 $\boldsymbol{f}$ 转换成转矩。力与力矩之间的转换关系式为

$$\boldsymbol{T}_{\mathrm{A}}=\frac{\boldsymbol{f}\cdot\boldsymbol{P}}{\tan(\lambda+r)} \tag{3.67}$$

式中，$\boldsymbol{T}_{\mathrm{A}}$ 表示转矩；r 为丝杠螺纹表面的摩擦角。

本章选取的丝杠螺纹为梯形螺纹，其牙形角 $\lambda=30°$，与螺纹的升角相等。丝杠选择 45 号钢调质处理，丝杠传动选择动摩擦，有润滑剂，摩擦系数的取值范围为 0.05~0.1，这里取 0.08，则摩擦角为

$$r=\arctan 0.08=0.0798(°) \tag{3.68}$$

由式 (3.67)、式 (3.68) 可得

$$\boldsymbol{T}_{\mathrm{A}}=1.451\boldsymbol{f} \tag{3.69}$$

由式 (3.66)、式 (3.69) 可得电机峰值预估最大驱动力矩为

$$\|\boldsymbol{T}_{\mathrm{A}}\|=1.451\|\boldsymbol{f}\|=3.677(\mathrm{N}\cdot\mathrm{m}) \tag{3.70}$$

这里取丝杠螺纹为单线，用 MATLAB 进行仿真，仿真结果如图 3.5 所示。

从仿真结果可以看出，三个伺服电机的驱动力矩均为周期性变化，且电机最大力矩小于电机峰值预估最大力矩。驱动力矩的大小不仅与丝杠的选取有关，如丝杠螺纹的线数、丝杠的材质、有无润滑等，还与给定的膝关节和踝关节的转动角度有关。

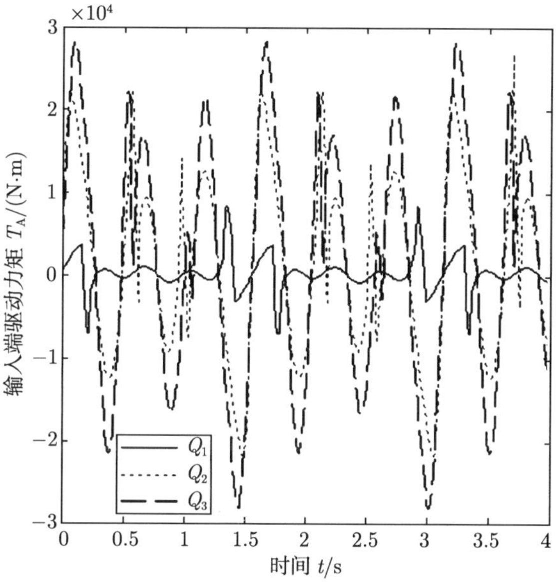

图 3.5　三个伺服电机的转矩变化曲线

3.4　控制器设计

空间机构是一个复杂的动力学系统，存在严重的非线性、不确定性和耦合关系，因此，需要设计一个控制器来保证该系统的全局稳定。设计控制器的方法有很多，如神经网络控制方法、模糊控制方法、迭代学习控制方法等。对于该机构，这里采用自适应迭代学习控制方法[14-16]，通过自适应迭代学习补偿不确定项，保证全局稳定，最终实现轨迹跟踪。

3.4.1　迭代学习控制基础

迭代学习控制[17](iterative learning control，ILC) 由 Uchiyama 于 1978 年首先提出，它是不断重复一个同样轨迹的控制尝试，并以此修正控制律，以得到非常好的控制效果的控制方法。迭代学习控制是一种新型的学习控制策略，是学习控制的一个非常重要的分支。为了改善控制的质量，迭代学习控制通过重复使用先前的反馈信息来获得可以实现期望输出轨迹的控制输入。不同于传统的控制方法，迭代学习控制只需要较少的计算量和先验知识便可以使用十分简便的方式来处理具有高度不确定性的动态系统，且容易实现，拥有较强的适应性；最为重要的是，迭代学习控制采用迭代的方法获得优化的输入信号，它不依赖于动态系统的精确的数学模型，这就使系统的输出能够最大可能地逼近期望的轨迹。迭代学习控制方法特别适用于复杂、非线性、高精度轨迹控制以及难以建立模型的问题。

迭代学习控制方法的思想起源于以往的经验，通过学习得到较理想的输出结果。设计一种本身具有某种“智能”的控制器，也就是说可以对未知信息进行预估并在这个预估信息的基础上形成最优控制，让它可以在控制过程中不断地改善自己，不断地训练控制器，从而使得控制的效果越来越理想。这种具有“学习”能力的控制器是控制工程师一直在追求的目标。也就是说，如果要重复地完成一个控制任务，可以从过去的跟踪误差和控制输入的数据中得到其他的信息，把这种信息看成一种经验。利用所得到的经验知识，可以减少对于过程模型的依赖，改善控制性能。形成期的迭代学习控制理论研究主要集中于新算法的特性分析和新算法的构成，迭代学习控制具有严格的数学定义和描述，学习的算法比较简单，且迭代学习控制方法不依赖于被控制系统的具体模型，因此迭代学习控制理论可以解决具有复杂不确定性的控制系统，对于具有重复性的被控对象非常适合。从“迭代”二字就可以看出，要求动态过程是可以重复的一种行为，其目标是在一定时间间隔内按期望输出找到期望输入控制，可充分利用前几次的控制信息构成当前的输入信号。在这一时期研究中，迭代学习控制一般作为离线计算方法，主要由三个元素构成，包括学习控制适应的系统、输入的迭代控制算法以及保证算法收敛的条件。

迭代学习控制方法不同于其他控制方法，一般的控制方法都受限于线性系统，而迭代学习控制是把非线性系统作为它的研究对象，并在有限的区间 $[0,T]$ 实现输出完全追踪期望轨迹的控制要求。这里所说的完全追踪是指系统的输出轨迹从开始到结束，无论是稳态还是暂态，都要和期望轨道保持一致。显然，在非线性系统控制中，迭代学习控制方法要比其他控制方法有很大优势。但是，从其发展历程看，迭代学习控制方法也有不足之处，如发展空间不足以及难以和主流控制方法相融合。事实上，只要需要完成的任务是重复性运动的，或者系统所受到的干扰是周期性变化的，都可运用迭代学习控制来解决实际问题。迭代学习控制已经发展成为智能控制领域里的一个新的发展方向，它的研究对那些有着强耦合、非线性、高精度轨迹控制以及难以建模的问题有非常重要的意义。近年来，模糊控制、自适应、变结构控制和神经网络等先进的控制方法越来越广泛地运用于迭代学习控制，产生了很多新的算法，从而得到只用单一的控制方式难以实现的期望特性，这些新的算法也可以克服一些传统控制方法所固有的缺陷。此外，这些新的算法通过渗透到非控制领域中，还可用于曲线拟合以及模型、参数辨识等方面。

迭代学习控制可以分成闭环控制和开环控制，迭代学习的控制律有 D 型、P 型、PI 型、PD 型和 PID 型。迭代学习控制的关键问题有学习算法的稳定性和收敛性、初值、学习速度和鲁棒性等。稳定性和收敛性问题是研究当学习律与被控系统满足什么条件时迭代学习控制过程才是稳定收敛的。算法的稳定性保证了随着学习次数的增加，控制系统不断发散，但对于学习控制系统而言，仅仅稳定是没有实际意义的。在迭代学习控制技术中，迭代学习是从某个初始点开始，初始点指初始输出或者初始状态。几乎所有的收敛性证明都要求初始条件是一样的，人们一直追求的目标之一也包括如何解决迭代学习控制的初始条件问题。当系统的初始状态不在期望轨迹上，而在期望轨迹的某一很小的邻域内时，通常把这类问题归结于学习控制的鲁棒性问题。在迭代学习算法研究中，其收敛条件基本上都是在学习次数趋向于无穷大的情况下给出的。而在实际应用场合，学习次数趋于无穷大显然是没有任何实际意义的。因此，如何使迭代学习过程更快地收敛于期望值是迭代学习控制研究的另一个重要问题。迭代学习控制究其本质其实属于前馈控制技术，虽然绝大多数的学习律证明了学习过程收敛的充分条件，但是学习过程的收敛速度还比较缓慢，可利用多次学习过程中得到的知识来改进后续学习过程的速度。例如，采用高阶迭代控制算法、带遗忘因子的学习律、利用反馈配置或者当前项等方法来构造学习律，可使收敛速度大大提高。迭代学习控制技术的提出具有非常深远的工程背景，因此仅仅在无干扰的条件下讨论系统的收敛性问题是不够的，基于实际情况，还需要讨论存在各种干扰时系统的跟踪性能。用于实际情况中的迭代学习控制系统不仅存在初始偏移，还难免受到外界因素的干扰，如温度扰动、测量噪声等。鲁棒性问题是指在干扰环境下的迭代学习控制系统的跟踪性能。具体来说就是在各种有界干扰的影响下，如果一个迭代学习控制系统的迭代轨迹可以收敛到期望轨迹的邻域内，并且当这些干扰不存在时迭代轨迹可以收敛到期望轨迹，就说该迭代控制系统是鲁棒的。

3.4.2　自适应控制基础

在最优控制和反馈控制中，一般都是假设被控过程或对象的数学模型已知，且该数学模型是线性定常的。然而，在许多实际的工程中，被控过程或对象的数学模型事先是很难确定的，即便在某种特定条件下数学模型可以确定，但是在条件和工况改变了以后，其模型的结构、动态参数仍然是经常变化的。对于这些不确定性，它们有时表现在系统外部，有时表现在系统内部。从内部的系统来讲，设计者开始时并不一定可以较为准确地知道用于描述被控对象的数学模型的参数和结构。对于外部的系统，可以等效地用很多扰动来表示外部环境对系统的影响，且这些扰动常常是不可预测的。此外，还有一些测量时产生的不确定因素进入系统。在发生这些问题时，常规控制器不可能得到很好的控制品质。为此，需要设计一种特殊的控制系统，它能够自动地补偿在模型阶次、参数和输入信号方面非预知时的变化，这就是自适应控制[18]。一般来说，自适应控制是一种适应性的控制策略，它可以通过检测到的性能指标的变化来生成相对应的反馈控制律，从而消除这种性能指标的变化，并最终实现预期的控制目标。自适应控制必备的功能包括：① 可以产生依赖于这些变化的控制律；② 可以从性能指标的变化检测出被控对象的变化；③ 具有实现可变控制律的可调控制器。

自适应控制系统首先是由 Li 和 Draper 于 1951 年提出的，他们给出了一种可以让不确定性能特性的内燃机实现最佳性能的控制系统，这种类型的控制可以自动地实现最优的操作，称为极值控制或最优控制。自适应这个名词是由 Tsien[19] 于 1954 年提出的，之后，在 1955 年 Drenick 和 Benner 也提出一个 “自适应” 的概念。自适应控制技术发展的一个非常重要的标志是 Whitaker 及其同事于 1958 年设计的一种自适应飞机控制系统。近年来许多学者在自适应控制系统的稳定性、收敛性和设计方法上做了大量的有益工作，其中有美国的 Narendar、Morse 和澳大利亚的 Goodwin，我国学者陈翰馥在收敛性分析方面也做出很大贡献。

自适应控制的研究对象是具有一定程度不确定性的系统，这里的 “不确定性” 是指描述被控对象及其环境的数学模型不是完全确定的，其中包含一些未知因素和随机因素。和最优控制、常规的反馈控制一样，自适应控制也是基于数学模型的一种控制方法，不同点仅在于自适应控制所依据的先验知识比较少，需要在运行系统的过程中不断地提取与模型有关的信息，从而使模型逐步完善。具体来讲，可以根据被控对象的输入和输出数据，连续不断地对模型参数进行辨识，这个不断辨识的过程称为系统的在线辨识。通过在线辨识，随着生产过程的不断进行，模型会越来越接近实际，越来越准确。模型在不断地改善，在这种模型的基础上综合得来的控制方法也将随之不断地改善。基于这种意义，控制系统是具有一定的适应能力的。例如，设计系统时，被控对象特性的初始信息不完整，系统在最开始运行时的效果可能不是很理想，但是通过在线辨识和控制以后经过一段时间的运行，控制系统逐渐适应，最后把自己调整到一个相对满意的工作状态。

自适应控制律分为参数调节和结构调节两大类，参数调节只改变控制器的参数，如 PID 参数整定等。而结构调节会改变控制规律。很多自适应控制方面的科研人员认为，具有性能检测和根据性能指标偏离预定值的偏差实施反馈是自适应控制的特征。自适应控制并不直接去分辨控制对象的变化，而是去判别某个性能指标是否超出了满意的范畴。这看上去是一种妥协，实际更是一种突破，根据结果来改变策略，正符合控制论的主题。自适应控制的广泛应用促进了自适应控制理论与技术的发展，至今已建立很多自适应控制律，而且不断地被创造出来。比较公认的基本类型有两种：模型参考自适应控制系统和自校正控制系统。自适应控制系统设计方法的理论基础为局部参数优化方法、李雅普诺夫稳定性理论[20] 和波波夫超稳定性理论[21]，采用模型参考自适应控制的基础是对控制对象有相当的了解，否则不能保证控制器的存在和使误差趋于零。然而，事实上，控制理论中的多数假设对象是一个 “黑箱”，采用统计方法建立对象模型缺乏唯一性，精度难以保证，尤其是系统会遭受到各式各样的随机干扰，因此从不精确模型基础上构造参考模型困难很大。自校正控制系统设计方法的理论基础为系统辨识和随机最优控制理论。自校正控制器的本质是设计统计意义上的最优控制律，为了达到最优，它需要在线辨识对象的模型，估计随机干扰对输出的影响。自校正控制器的运行原理是参数辨识单元按照被控对象的输入、输出数据，不断地修正对模型的估计，多数是对模型的参数估计，将修正过的参数送至适应机构，适应机构根据现时参数修改控制器的参数，从而使控制器最大限度地消除干扰的影响。在自校正控制器中，被控对象一般存在时间延迟，控制量要经过几个观测周期才能输出产生影响。控制的目标主要是使输出是无偏出的，且具有最小方差。通常除了方差以外没有对其他性能指标的估计，因此就不需要检测性能指标偏差，也不依赖偏差的反馈，这是因为控制器是根据对象当时的参数和性能指标设定的，已经具有最优性。自校正系统有两个显著的特点：① 因为控制器是按照确定系统的参数设定的，应用已知的设计方法，所以在自校正理论中多数是将已知的设计方法自适应化，使得它们能够适合参数变化；② 自校正系统总是考虑参数的自适应，不考虑结构的变化。

自适应控制是针对变化提出的，因而要分析对象的不确定性，目前自适应控制的理论会涉及概率及随机过程理论和控制系统理论，自适应控制的根本在于设计一个能够适应对象和环境变化的自适应控制律，与自适应控制律相关的理论问题具有稳定性、收敛性和鲁棒性。

(1) 稳定性是工程上对一个可以工作的控制系统的基本要求。稳定性问题的重点是李雅普诺夫理论和超稳定性理论。一个系统称为渐进稳定是指它在受到微量的冲击后，经过一段时间的运动仍然能够回到原来的工作状态。

(2) 在数学中稳定性就是一种收敛性，在自适应控制理论中，收敛性更多的是指算法的收敛性。在适应机构提出修正控制器，或者在自校正的参数辨识构成时，都会出现递推算法，根据上一步的结果来计算这一步的控制律。设计过程要完成，这种递推的算法必须在有限步后结束。如果算法是收敛的，那么要计算的参数会收敛到一个确定值。从数学定义看，收敛会是一个无限的过程，实际上可以指定一个递进误差，当对一个参数的两步计算所得之差小于这个误差时就认为已经收敛到极限值，停止计算，适应机构在有限时间内做出更改参数决策。

(3) 如果对象或者环境的细小变化就引起自适应控制的行动，很多时候是没有必要的，而且过于频繁的启动、停止会极大地缩短设备寿命，甚至会导致系统不稳定。因此，希望适应机构对控制器所做的每一次改变都有一定的适用范围，环境和对象在这个范围内变化不需要再次启动适应机构。当前鲁棒自适应控制研究的重点有两个：① 鲁棒域估计，即估计能够达到预定设计目的的对象参数变动范围或者外部干扰的强度范围；② 具有较强鲁棒性的自适应控制律的特征。

3.4.3　自适应迭代学习控制理论分析

对拟人机械腿采用自适应迭代学习控制来补偿系统的非线性和外在干扰，自适应迭代学习控制器的 Simulink 仿真模型如图 3.6 所示。

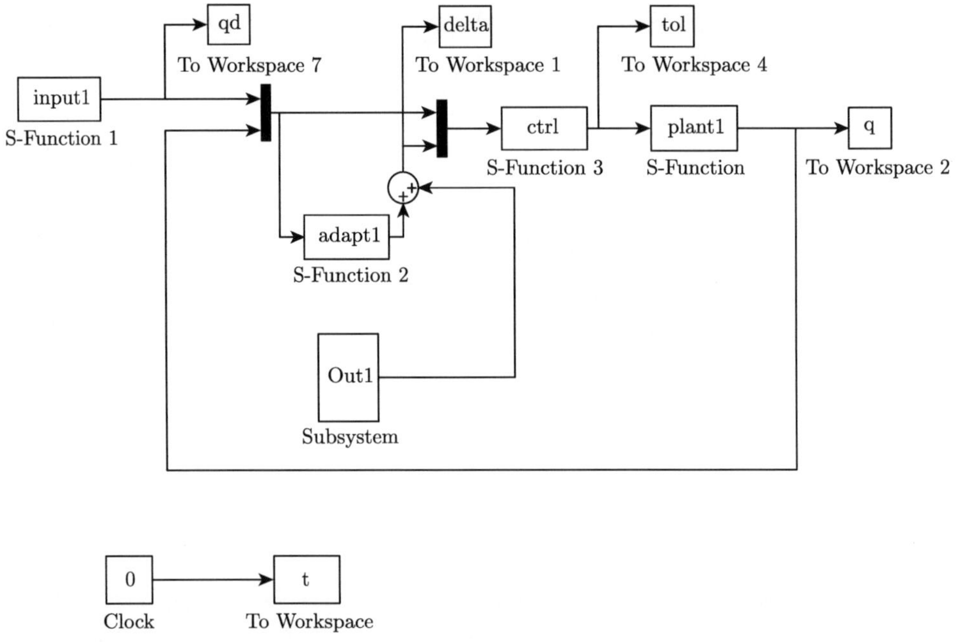

图 3.6　自适应迭代学习控制器框图

考虑到机构的不确定因素，其动力学模型可描述为

$$\boldsymbol{M}\left(q_k\left(t\right)\right)\ddot{\boldsymbol{q}}_k\left(t\right)+\boldsymbol{H}\left(q_k\left(t\right),\dot{q}_k\left(t\right)\right)\dot{\boldsymbol{q}}_k\left(t\right)+\boldsymbol{G}\left(q_k\left(t\right)\right)=\boldsymbol{f}_k\left(t\right)+\boldsymbol{d}_k\left(t\right) \tag{3.71}$$

式中，t 表示时间；$k\in\mathbf{Z}^+$，表示迭代次数；$\boldsymbol{d}_k(t)$ 为机械腿系统的不确定项和干扰。

假设 1　期望轨迹 $\boldsymbol{q}_{\mathrm{d}}(t)$ 及其一阶、二阶导数和 $\boldsymbol{d}_k(t)$ 有界。

假设 2　初始状态可重复，即 $\boldsymbol{q}_{\mathrm{d}}(t)=\boldsymbol{q}_k(t)$，$\dot{\boldsymbol{q}}_{\mathrm{d}}\left(t\right)=\dot{\boldsymbol{q}}_k\left(t\right)$。

假设 3　$|\boldsymbol{M}(q_{\rm d})\ddot{q}_{\rm d}-\boldsymbol{d}_k|\leqslant\beta$，$|\boldsymbol{G}(q_{\rm d})|\leqslant k_{\rm g}$，$d\leqslant k_{\rm c}$。

控制律设计为

$$f_k(t)=K_{\rm P}e_k(t)+K_{\rm D}\dot{e}_k(t)+\widehat{\delta}_k(t)\,{\rm sgn}\,(\dot{e}_k(t)) \tag{3.72}$$

$$\widehat{\delta}_k(t)=\widehat{\delta}_{k-1}(t)+\gamma\dot{e}_k(t)\,{\rm sgn}\,(\dot{e}_k(t)) \tag{3.73}$$

式中，$\widehat{\delta}_{k-1}(t)=0$，$\boldsymbol{e}_k(t)=\boldsymbol{q}_{\rm d}(t)-\boldsymbol{q}_k(t)$。

如果系数 $K_{\rm P}$、$K_{\rm D}$、γ 均大于零，则 $e_k(t)$、$\dot{e}_k(t)$ 和 $f_k(t)$ 对于任意 $k\in\mathbf{Z}^+$ 都有界，且 $\lim\limits_{x\to\infty}e_k(t)=\lim\limits_{x\to\infty}\dot{e}_k(t)=0,\forall t\in[0,T]$。

收敛性分析：第一步，证明 W_k 的递增性。

取如下李雅普诺夫函数[20]：

$$W_k(t)=V_k(e_k(t),\dot{e}_k(t))+\frac{1}{2}\int_0^1\gamma^{-1}\tilde{\delta}_k^2(\tau)\,{\rm d}\tau \tag{3.74}$$

式中，δ 为不确定项，且定义为

$$\delta=\beta+k_{\rm c}{\rm Sup}_{t\in[0,T]}|\dot{q}_{1t}|+k_{\rm g},\tilde{\delta}_k(t)=\delta(t)-\widehat{\delta}_k(t) \tag{3.75}$$

$$V_k(e_k(t),\dot{e}_k(t))=\frac{1}{2}I\dot{e}_k^2(t)+\frac{1}{2}k_{\rm p}e_k^2(t) \tag{3.76}$$

可得

$$\Delta W_k=W_k-W_{k-1}=V_k-V_{k-1}-\frac{1}{2}\int_0^t\gamma^{-1}(\tilde{\delta}_k^2+2\tilde{\delta}_k\bar{\delta}_k){\rm d}\tau \tag{3.77}$$

式中，$\bar{\delta}_k=\tilde{\delta}_k-\tilde{\delta}_{k-1}$。

对 $V_k(e_k(t),\dot{e}_k(t))$ 求一阶导数，两边积分可得

$$V_k(e_k(t),\dot{e}_k(t))=V_k(e_k(0),\dot{e}_k(0))+\int_0^t(I\dot{e}_k\ddot{e}_k+k_{\rm p}\dot{e}_k\ddot{e}_k)\,{\rm d}\tau \tag{3.78}$$

由假设 3 及式 (3.71) 可得

$$\begin{aligned}V_k(e_k(t),\dot{e}_k(t))\leqslant&V_k(e_k(0),\dot{e}_k(0))\\&+\int_0^t\dot{e}_k\left(\left(\beta+k_{\rm c}\left|\dot{\theta}_d\right|_{\max}+k_{\rm p}\right){\rm sgn}\,(\dot{e}_k)-\tau_k+k_{\rm p}e_k\right){\rm d}\tau\end{aligned} \tag{3.79}$$

将式 (3.72)、式 (3.73)、式 (3.72) 代入式 (3.77) 得

$$\Delta W_k\leqslant-V_{k-1}-\frac{1}{2}\int_0^t\left(\gamma^{-1}\bar{\delta}_k^2+2k_{\rm d}\dot{e}_k^2\right){\rm d}\tau \tag{3.80}$$

说明 W_k 是非增序列，现在只要证明 W_0 有界即可证明 W_k 是有界的。

第二步，证明 W_0 的有界性。

对 W_0 求导可得

$$\dot{W}_0 \leqslant \dot{e}_0(\tilde{\delta}_0 \text{sgn}\,(\dot{e}_0) - k_\text{d} e_0) + \frac{1}{2}\gamma^{-1}\delta_0^2 \tag{3.81}$$

因为 $\widehat{\delta}_{-1}(t) = 0$，且 $\widehat{\delta}_0(t) = \widehat{\delta}_{-1}(t) + \gamma \dot{e_0}(t)\,\text{sgn}(\dot{e_0}(t))$，$\tilde{\delta}_0(t) = \delta(t) - \widehat{\delta}_0(t)$，所以有

$$\dot{W}_0 \leqslant -\dot{e}_0 k_\text{d} \dot{e}_0 - \frac{1}{2}\tilde{\delta}_0 \gamma^{-1}\tilde{\delta}_0 + \delta\gamma^{-1}\tilde{\delta}_0 \tag{3.82}$$

对于 $\lambda > 0$，不等式

$$\delta\gamma^{-1}\tilde{\delta} \leqslant \lambda(\gamma^{-1}\tilde{\delta}_0)^2 + \frac{1}{4\lambda}\delta^2 \tag{3.83}$$

恒成立，则可得

$$\dot{W}_0 \leqslant -\dot{e}_0 k_\text{d} \dot{e}_0 - \frac{1}{2}\tilde{\delta}_0 \gamma^{-1}\tilde{\delta}_0 + \lambda(\gamma^{-1}\tilde{\delta}_0)^2 + \frac{1}{4\lambda}\delta^2 \tag{3.84}$$

因为初始给定的值都是有界的，故 $\widetilde{\delta}_0$ 有界，存在

$$\dot{W}_0 \leqslant \frac{1}{4\lambda}\delta_\text{max}^2 + \lambda\left(\gamma^{-1}\,\tilde{\delta}_0\Big|_\text{max}\right)^2 \tag{3.85}$$

式中，$\delta_\text{max} = \text{Sup}_{t\in[0,T]}\delta$, $\tilde{\delta}_0\Big|_\text{max} = \text{Sup}_{t\in[0,T]}\tilde{\delta}_0$。

因此，W_0 在 $[0,T]$ 上是一致连续有界的，从而 W_k 是有界的，进而可知 $e_k(t)$、$\dot{e}_k(t)$ 和 $e_\tau(t)$ 对于任意 $k \in \mathbf{Z}^+$ 都有界。

第三步，证明 $e_k(t)$、$\dot{e}_k(t)$ 的收敛性。

W_k 可改写为

$$W_k = W_0 + \sum_{h=1}^{k}\Delta W_h \tag{3.86}$$

由式 (3.70) 可得

$$W_k \leqslant W_0 - \sum_{h=1}^{k} V_{h-1} \leqslant W_0 - \frac{1}{2}\sum_{h=1}^{k}\left(k_\text{p} e_{h-1}^2 + I\dot{e}_{h-1}^2\right) \tag{3.87}$$

由式 (3.87) 可推出

$$\sum_{h=1}^{k}\left(k_\text{p} e_{h-1}^2 + I\dot{e}_{h-1}^2\right) \leqslant 2\,(W_0 - W) \leqslant 2W_0 \tag{3.88}$$

因此，$\lim\limits_{x\to\infty} e_k(t) = \lim\limits_{x\to\infty} \dot{e}_k(t) = 0, \forall t \in [0,T]$。

证明完毕。

3.4.4　仿真

拟人机械腿所采用的参数如下：a=150mm，b=300mm，c=150mm，d=440mm，e=440mm，f=300mm，h=300mm，k=320mm，m=440mm，n=180mm，l_1=200mm，l_2=440mm，l_3=440mm，φ=120°，$\theta_{G\max}=\theta_{H\max}=\theta_{M\max}=\theta_{N\max}=\theta_{J\max}=40°$，$l_{1\max}=l_{2\max}=l_{3\max}$=200mm，$l_{1\min}=l_{2\min}=l_{3\min}=-150$mm。$\boldsymbol{d}_k(t)=[d_{\mathrm{m}}\sin(t)\quad d_{\mathrm{m}}\sin(t)\quad d_{\mathrm{m}}\sin(t)]^{\mathrm{T}}$，其中 d_{m} 为幅值为 1 的随机信号，控制器参数 $K_{\mathrm{P}}=5\times\mathrm{diag}(1,1,1)$，自适应律参数 $\gamma=30\times\mathrm{diag}(1,1,1)$，$T$=1s。借助 MATLAB 软件得到三个自由度的位置跟踪曲线、位置跟踪误差曲线以及速度跟踪曲线、速度误差曲线，如图 3.7~图 3.10 所示。

图 3.7 为 5 次迭代学习过程中的位置跟踪曲线，可以看出迭代学习过程中位置 q_j 可以很好地跟踪期望轨迹；图 3.9 为 5 次迭代学习后的速度跟踪曲线，可以看出迭代学习后位置 $\dot{q}_j$ 可以很好地跟踪期望轨迹；图 3.8、图 3.10 为 5 次迭代学习后的位置误差曲线和速度误差曲线，可以看出 5 次迭代学习后的位置误差和速度误差都趋近于零。因此，在自适应迭代学习控制器的作用下，系统可以重复跟踪轨迹，在多次学习后使误差趋近于零。

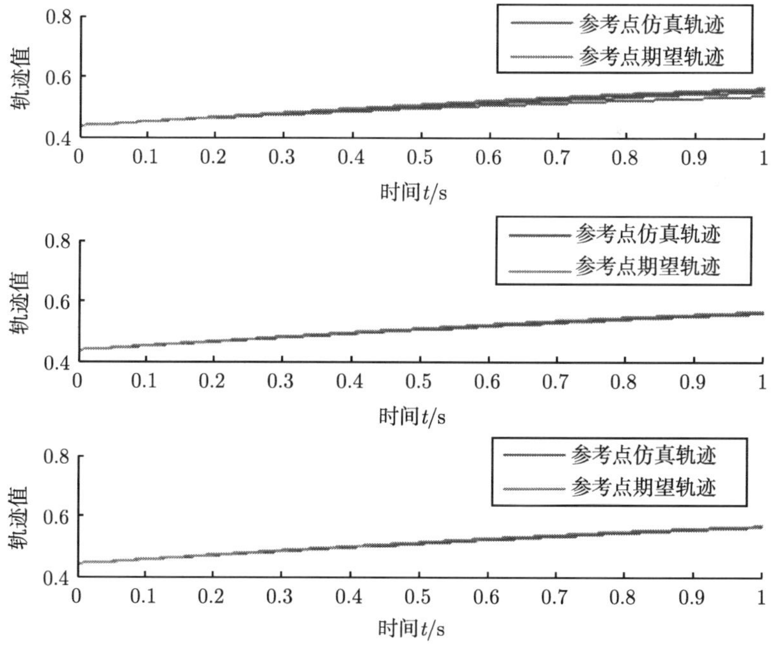

图 3.7　迭代过程中的位置跟踪绝对值收敛过程

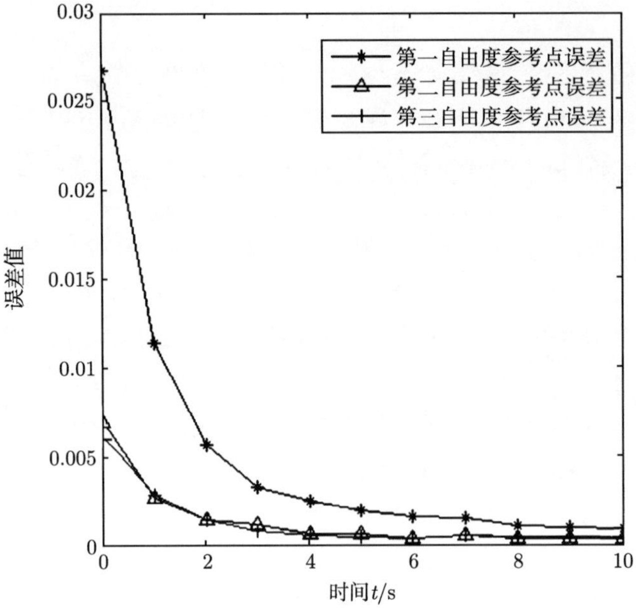

图 3.8　迭代过程中的位置跟踪误差

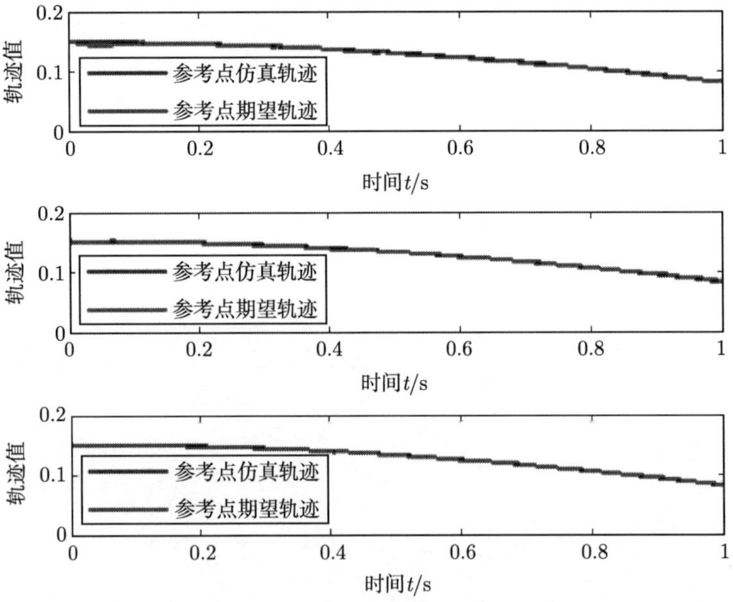

图 3.9　迭代后的速度跟踪

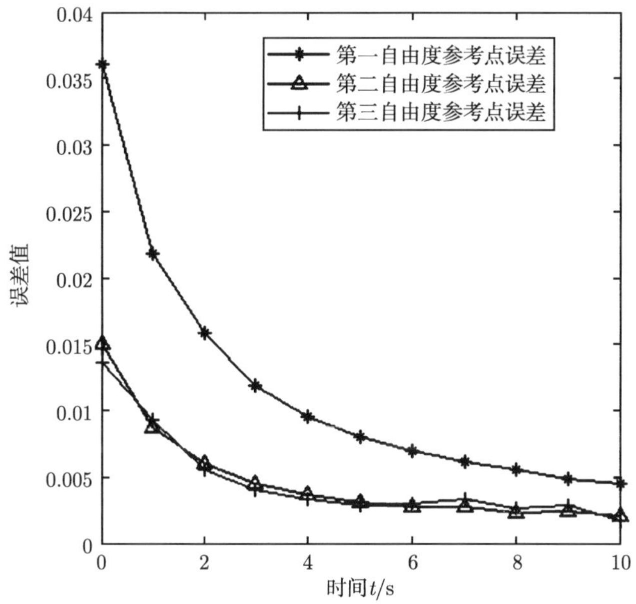

图 3.10　迭代过程中的速度跟踪误差绝对值收敛过程

3.5　本 章 小 结

本章在动力学分析的基础上对伺服电机模型进行预估，主要内容如下。

(1) 利用拉格朗日方法建立该机构的动力学模型。

(2) 介绍机械腿伺服电机驱动系统的结构和原理。

(3) 在给定膝关节和踝关节转动角度的运动方式时，逆向求解出电机的转动角速度，并用 MATLAB 软件进行仿真。

(4) 介绍一般情况下关节空间与操作空间之间的力或力矩传递关系。

(5) 预估伺服电机驱动力矩的模型，并求出电机理论上所需要的最大力矩，在给定膝关节和踝关节的运动方式下，用 MATLAB 仿真软件绘出伺服电机驱动力矩的变化规律，并与理论最大力矩比较是否符合要求。

同时，对拟人机械腿进行控制策略分析，主要内容如下。

(1) 了解控制理论的基础知识，包括迭代学习控制理论知识和自适应迭代学习理论知识。

(2) 基于拟人机械腿的动力学模型，考虑到系统的不确定性，进一步建立带有扰动和不确定项的动力学模型。

(3) 在动力学模型的基础上，对拟人机械腿设计自适应迭代学习控制器，并进行收敛性分析与证明。

(4) 进行 MATLAB 仿真，通过仿真结果可以看出在自适应迭代学习控制器的作用下，系统可以较快地学习不确定项，能够较好地跟踪轨迹，进一步证明该控制器的有效性。

参 考 文 献

[1] 韩林. 2RRCPSS 并联机器人运动学理论研究[D]. 天津: 天津理工大学, 2008.
[2] 张典范. 新型 6-(P-2P-S) 并联机器人动力学建模及其运动控制研究[D]. 秦皇岛: 燕山大学, 2009.
[3] Rim B, Habib N, Hala B, et al. Dynamic modeling and control of a multi-fingered robot hand for grasping task[J]. Procedia Engineering, 2012, 1(41): 923-931.
[4] Amira A, Olfa B. A relevant reduction method for dynamic modeling of a seven-linked humanoid robot in the three-dimensional space[J]. Procedia Engineering, 2012, 1(41): 1277-1284.
[5] 王跃灵, 沈书坤, 王洪斌. 2-DOF 并联机构动力学建模与迭代学习控制[J]. 计算机工程, 2009, 35(17): 163-166.
[6] Yue Y, Gao F, Zhao X C, et al. Relationship among input-force, payload, stiffness, and displacement of a 6-DOF perpendicular parallel micromanipulator[J]. Journal of Mechanisms and Robotics, 2010, 45(5): 756-771.
[7] 印松, 陈竟新, 唐矫燕. 基于牛顿–欧拉法的 3-UPS/S 并联机构动力学分析[J]. 制造业自动化, 2013, 35(2): 86-88.
[8] Thomas M, Tesar D. Dynamic modeling of serial manipulator arms[J]. Journal of Dynamic Systems, Measurement and Control, 1982, 104(3): 218-228.
[9] 黄真, 孔令富, 方跃法. 并联机器人机构学理论及控制[M]. 北京: 机械工业出版社, 1997.
[10] 施毅. 新型五自由度并联机床的若干基础问题及动力学分析[D]. 秦皇岛: 燕山大学, 2005.
[11] 崔冰燕, 金振林. 农业机器人新型肘关节的静力学性能分析[J]. 农业工程学报, 2011, 27(3): 122-125.
[12] 方斌, 李剑锋. 14R 并联机器人机构的位置解析和奇异性分析[J]. 高技术通讯, 2010, (10): 1080-1085.
[13] 金振林, 崔冰燕. 机器人肩关节的动力学建模及伺服电机峰值预估[J]. 农业工程学报, 2011, 27(8): 145-149.
[14] 吕文菲. 自适应迭代学习控制在机器人中的应用[D]. 沈阳: 东北大学, 2006.
[15] 刘金琨. 机器人控制系统的设计与 MATLAB 仿真[M]. 北京: 清华大学出版社, 2008.

[16] Li D, Li J M. Adaptive iterative learning control for nonlinearly parameterized systems with unknown time-varying delay and unknown control direction[J]. International Journal of Automation and Computing, 2012, 9(6): 578-586.
[17] 于少娟, 齐向东, 吴聚华. 迭代学习控制理论及应用[M]. 北京: 机械工程出版社, 2005.
[18] 韩正之, 陈彭年, 陈树中. 自适应控制[M]. 北京: 清华大学出版社, 2011.
[19] Tsien H S. Engineering Cybernetics[M]. New York: McGraw-Hill, 1954.
[20] Josiney A S. Complete lyapunov functions of control systems[J]. Systems & Control Letters, 2012, 61(2): 322-326.
[21] Popov V M. Hyperstability of Automatic Control Systems[M]. New York: Springer-Verlag, 1973.

第 4 章　拟人机械腿的全域性能分析

拟人机械腿性能的优劣与其结构参数设计是否合理息息相关，研究拟人机械腿结构参数与其性能指标之间的关系，对实现拟人机械腿结构参数的合理设计具有重要意义 [1-6]。拟人机械腿结构参数的取值具有不确定性，很难直观地找到使各性能评价指标均好的结构参数。因此，对受多种因素影响的拟人机械腿的结构参数进行设计时很难加以理性地思考，而是凭直觉和经验进行决策，这必然会导致盲目或无原则的效仿。

空间模型技术 [7-10] 可以对机械结构尺寸参数进行无量纲化和归一化处理，以便用有限的空间表示机构的所有可能的尺寸组合。因此，可以较直观地表现机构尺寸参数与其各项性能之间的关系能，为机构的全域性能 [11-13] 分析提供了很好的方法。

力雅可比矩阵与速度雅可比矩阵反映了输入驱动与动平台输出之间的关系，能很好地体现机构的力传递性能和运动传递性能，是本章作为设计评价指标进行研究的核心。在设计过程中，为了减少复杂性，评价指标应尽量精简，以减少计算量。那么，对于拟人机械腿，可以研究其力雅可比矩阵与速度雅可比矩阵的共性，减少重复计算。

本章对机械腿建立空间模型，同时定义全域性能评价指标，利用 MATLAB 软件将这些指标在空间模型上建立全域性能图谱，在全域性能图谱的基础上，对力雅可比矩阵与速度雅可比矩阵的关系进行讨论。应用上述方法，选取了拟人机械腿的结构参数，同时考虑其加工与装配工艺性，给出了拟人机械腿的三维模型。本章所涉及的拟人机械腿机构主要是膝关节和踝关节机构。

4.1　拟人机械腿的空间模型

4.1.1　拟人机械腿的模型简化

为了降低空间模型建模和分析的复杂性，根据第 2 章的结构分析，将机械腿进行简化，如图 4.1 所示。原来移动副 P_1 所在的支链 AP_1DEF 用一个转动副 R_1 表示，因为该支链用于将作用在转动副 R_1 上的转动力矩转换为移动副 P_1 的驱动力，这样设计的目的是将电机由 R_1 的位置移动到基平台上，很大程度上减少了运动惯性，同时又增强了机械腿的支撑力。

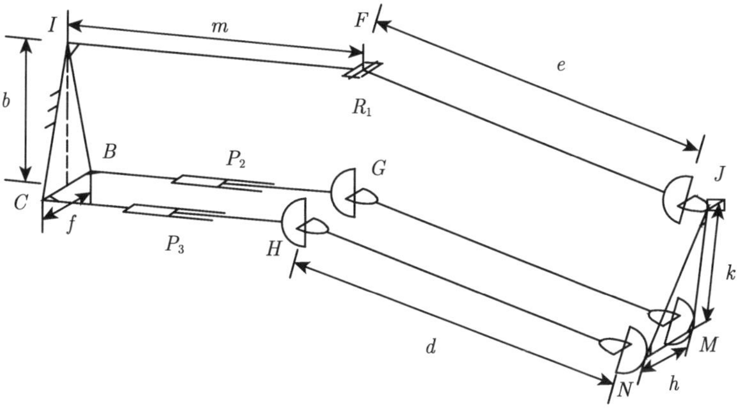

图 4.1　机械腿结构简化图

支链 AP_1DEF 的尺寸参数虽然对机械腿的性能有较大影响，但相对全局性能来说，影响不是很大，因为第 2 章建立的研究范围为机械腿姿态空间，其形状由角 φ、α 和 β 确定，角 φ 只与转动副 R_1 有关。该思想恰好与简化模型相符合。

因此，在全域性能分析时，可以先不考虑与支链 AP_1DEF 的关系。其实该支链的尺寸设计可以在全局的总体设计以后进行，因为该支链构成一个闭环的平面四杆机构，可以通过传统方法对该支链上各个杆件的长度进行设计。

由图 4.1 可知，简化后杆件的主要尺寸有 m、e、d、b、f、k 和 h，BG 和 CH 的初始长度 l_2 和 l_3 可由尺寸 m、e、d 和平台 ICB、JMN 之间的初始姿态确定。点 F 的转动副设计的原理是实现人体膝关节的运动，那么 m 和 e 分别表示大腿和小腿的长度。根据人体生理学，大腿和小腿的长度几乎相等，从人类进化的角度来考虑，大腿和小腿的长度差不多，是自然选择的结果，这样的结构最适合人类的直立行走。因此，从仿生学的角度，可以将 m 和 e 的值设为相等，这样减少了一个变量，一共剩下六个尺寸变量需要设计。

考虑拟人机械腿的结构分为大腿和小腿两部分，为了控制变量的数目，可以将机械腿的尺寸参数分为大腿结构和小腿结构进行讨论。这样，可以将六个尺寸变量分为两组，m、b 和 f 为一组，表示大腿尺寸；d、k 和 h 为一组，表示小腿尺寸。那么，每组只有三个尺寸变量，降低了分析维度。

4.1.2　拟人机械腿的空间模型分析

本节分别对机械腿的大腿结构和小腿结构建立空间模型，这里对大腿和小腿

的结构尺寸变量进行无量纲化，令

$$\begin{cases} L_{\text{thigh}} = \dfrac{m+b+f}{3} \\ L_{\text{shank}} = \dfrac{d+k+h}{3} \end{cases} \tag{4.1}$$

因此，令各杆件的无量纲尺寸为

$$\begin{cases} r_m = m/L_{\text{thigh}} \\ r_b = b/L_{\text{thigh}} \\ r_f = f/L_{\text{thigh}} \end{cases}, \quad \begin{cases} r_d = d/L_{\text{shank}} \\ r_k = k/L_{\text{shank}} \\ r_h = h/L_{\text{shank}} \end{cases} \tag{4.2}$$

由式 (4.1) 和式 (4.2) 可得

$$\begin{cases} r_m + r_b + r_f = 3 \\ r_d + r_k + r_h = 3 \end{cases} \tag{4.3}$$

根据式 (4.3) 分别以 r_m、r_b、r_f 和 r_d、r_k、r_h 为直角坐标轴，建立大腿空间模型 $\triangle MBF$ 和小腿空间模型 $\triangle DKH$，如图 4.2 所示。

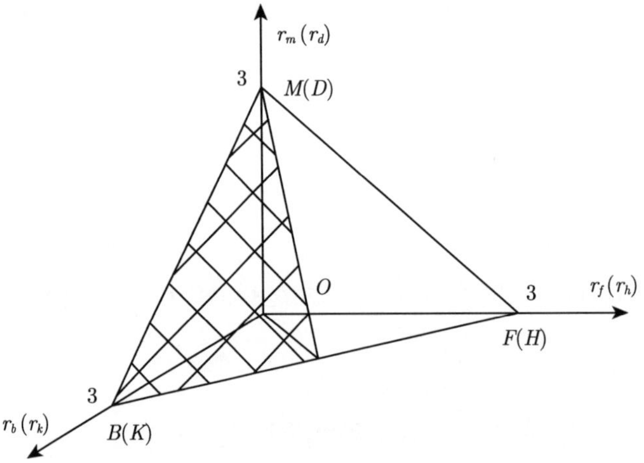

图 4.2　拟人机械腿大腿和小腿的几何空间模型

空间模型 $\triangle MBF$ 和 $\triangle DKH$ 是空间里的两个平面三角形，所表示的意义是：在三角形内，r_m、r_b、r_f 取值的各种组合和 r_d、r_k、r_h 取值的各种组合，等价于大腿尺寸 m、b、f 之间的比例和小腿尺寸 d、k、h 之间的比例，包含了大腿尺寸 m、b、f 的所有取值情况和小腿尺寸 d、k、h 的所有取值情况。因此，接下来的研

究范围都在 $\triangle MBF$ 和 $\triangle DKH$ 内，各种优化方法和性能研究也都基于这两个三角形。

为了便于进一步的研究分析，可将三维的平面转换为二维的平面。在 $\triangle MBF$ 和 $\triangle DKH$ 的空间平面上建立平面直角坐标系，如图 4.3 所示。O 为直角坐标系的原点，$F(H)$、$M(D)$、$B(K)$ 分别为三维坐标轴 $r_m(r_d)$、$r_b(r_k)$、$r_f(r_h)$ 的原点，各坐标值都按垂直坐标轴投影决定的位置来确定大小。对三维坐标转换到二维坐标的关系进行推导。设 a 为 $\triangle MBF(\triangle DKH)$ 内的一个点，它在 X 轴和 $r_f(r_h)$ 轴的坐标分别为 a_x 和 a_y，根据几何关系有

$$\frac{a_x}{2}=\frac{a_r}{\sqrt{3}} \tag{4.4}$$

可得两个坐标之间的关系为

$$\begin{cases} r_m=y \\ r_b=3-r_m-r_f, \\ r_f=\sqrt{3}x/2 \end{cases} \quad \begin{cases} r_d=y \\ r_k=3-r_d-r_h \\ r_h=\sqrt{3}x/2 \end{cases} \tag{4.5}$$

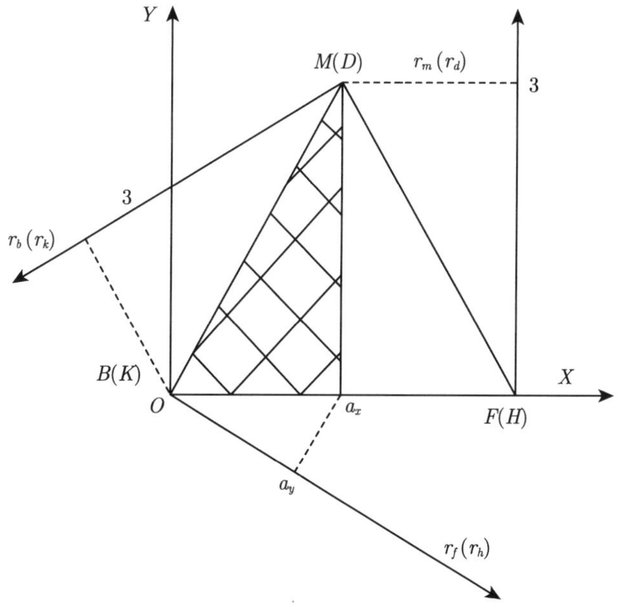

图 4.3　拟人机械腿大腿和小腿几何空间模型的平面

有了二维直角坐标系下的 $\triangle MBF$ 和 $\triangle DKH$，就可以将机械腿的各项性能与六个尺寸变量的关系通过 $\triangle MBF$ 和 $\triangle DKH$ 平面表示出来，使数据得到更加直观的表现，易于分析研究。

4.2 拟人机械腿的全域性能评价

4.2.1 拟人机械腿的全域性能评价指标

第 2 章对机械腿的运动学传递性能和静力学传递性能进行了分析。对于运动学传递性能，利用线速度雅可比矩阵 $\boldsymbol{J}_V$ 的评价指标 $C(\boldsymbol{J}_V)$ 和角速度雅可比矩阵 $\boldsymbol{J}_\omega$ 的评价指标 $C(\boldsymbol{J}_\omega)$ 来评价。对于静力学传递性能，利用力雅可比矩阵 $\boldsymbol{J}_F$ 的评价指标 $C(\boldsymbol{J}_F)$ 和力矩雅可比矩阵 $\boldsymbol{J}_M$ 的评价指标 $C(\boldsymbol{J}_M)$ 来评价。

不同尺寸组合的机械腿，对应不同形状的工作空间。在一个特定的工作空间里，不同位置上的各个指标又有不同的值。因此，需要定义一个宏观的指标，来综合不同位置上各个点的性能，反映出整个特定的工作空间的宏观性能。这里，将这一评价指标定义为工作空间里不同点性能指标的平均值。

结合第 2 章的分析，定义 H 为机械腿的全域性能评价指标，$H(\boldsymbol{J}_V)$、$H(\boldsymbol{J}_\omega)$、$H(\boldsymbol{J}_F)$、$H(\boldsymbol{J}_M)$ 分别表示全域线速度传递性能指标、角速度传递性能指标、力传递性能指标、力矩传递性能指标。各项全域性能评价指标的定义如下：

$$\begin{cases} H(\boldsymbol{J}_V)=\dfrac{\displaystyle\int_S C(\boldsymbol{J}_V)\,\mathrm{d}V_S}{\displaystyle\int_S \mathrm{d}V_S} \\[2ex] H(\boldsymbol{J}_\omega)=\dfrac{\displaystyle\int_S C(\boldsymbol{J}_\omega)\,\mathrm{d}V_S}{\displaystyle\int_S \mathrm{d}V_S} \\[2ex] H(\boldsymbol{J}_F)=\dfrac{\displaystyle\int_S C(\boldsymbol{J}_F)\,\mathrm{d}V_S}{\displaystyle\int_S \mathrm{d}V_S} \\[2ex] H(\boldsymbol{J}_M)=\dfrac{\displaystyle\int_S C(\boldsymbol{J}_M)\,\mathrm{d}V_S}{\displaystyle\int_S \mathrm{d}V_S} \end{cases} \tag{4.6}$$

式中，S 为机械腿的工作空间；V_S 为工作空间的体积。

4.2.2　拟人机械腿的全域性能图谱

机械腿在二维直角坐标系下的空间模型 $\triangle MBF$ 和 $\triangle DKH$ 表示了机械腿的大腿和小腿的所有尺寸组合，可以将全域性能指标 $H(\boldsymbol{J}_V)$、$H(\boldsymbol{J}_\omega)$、$H(\boldsymbol{J}_F)$、$H(\boldsymbol{J}_M)$ 在不同尺寸组合下计算出的数值分布情况在 $\triangle MBF$ 和 $\triangle DKH$ 上表示。

借助 MATLAB 软件，对全域性能指标 $H(\boldsymbol{J}_V)$、$H(\boldsymbol{J}_\omega)$、$H(\boldsymbol{J}_F)$、$H(\boldsymbol{J}_M)$ 进行计算，由于尺寸的组合有无数种，采取的策略是在 $\triangle MBF$ 和 $\triangle DKH$ 上均匀取点来计算全域性能指标，并在 $\triangle MBF$ 和 $\triangle DKH$ 上画出全域性能图谱。大腿和小腿尺寸空间模型下的全域性能图谱仿真结果分别如图 4.4 和图 4.5 所示。

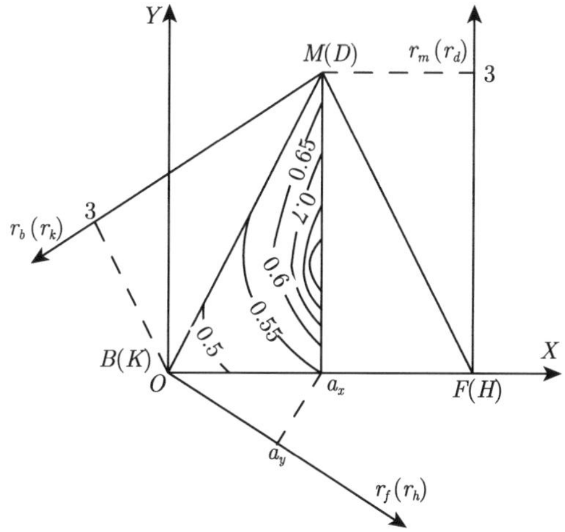

(a) $H(\boldsymbol{J}_V)$

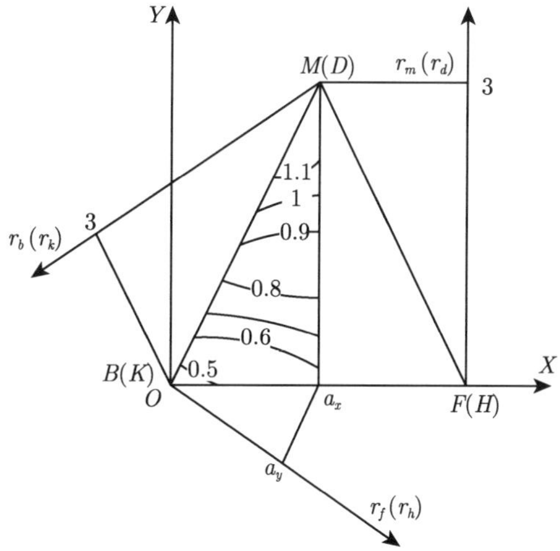

(b) $H(\boldsymbol{J}_\omega)$

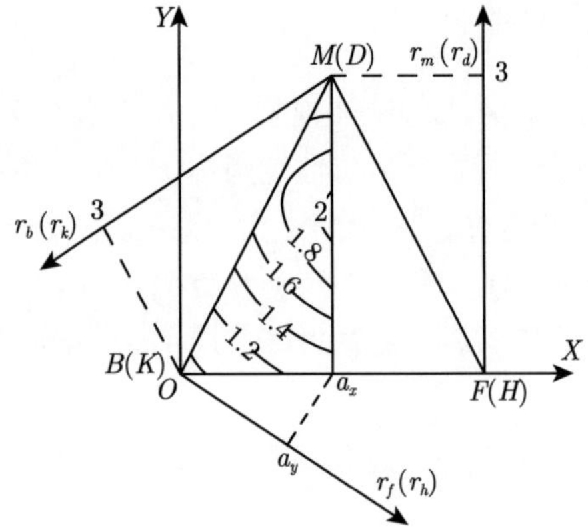

(c) $H(\boldsymbol{J}_F)$

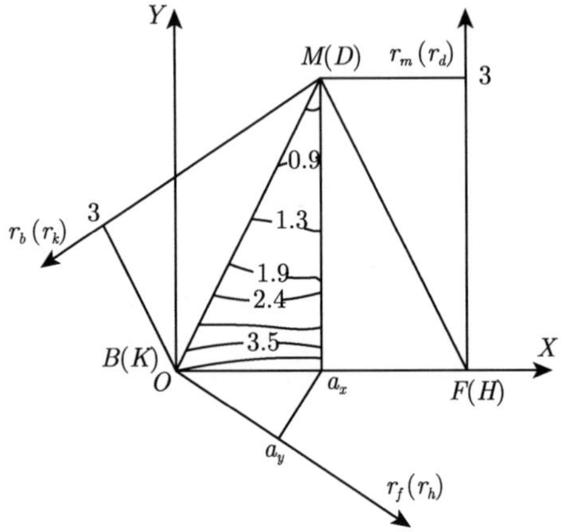

(d) $H(\boldsymbol{J}_M)$

图 4.4　拟人机械腿大腿机构的全域性能图谱

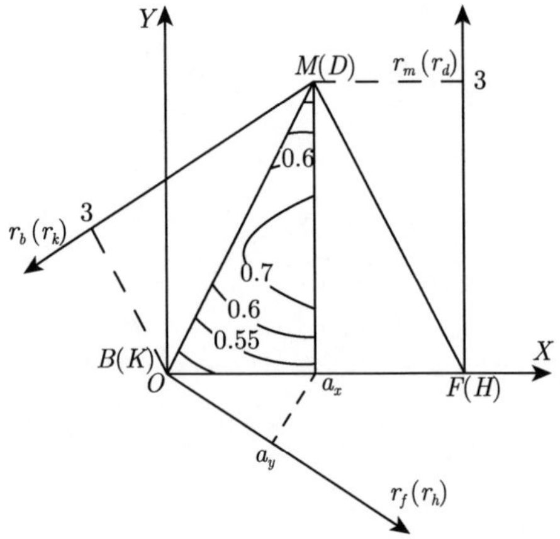

(a) $H(\boldsymbol{J}_V)$

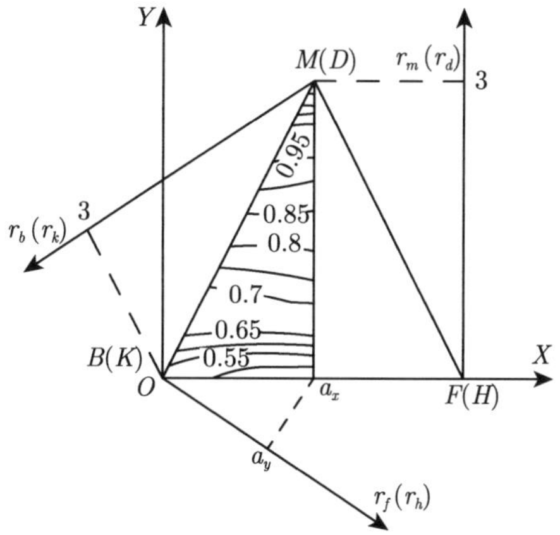

(b) $H\,(\boldsymbol{J}_\omega)$

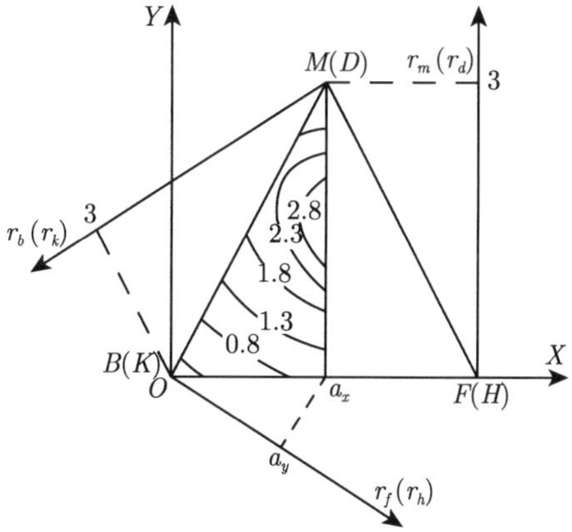

(c) $H\,(\boldsymbol{J}_F)$

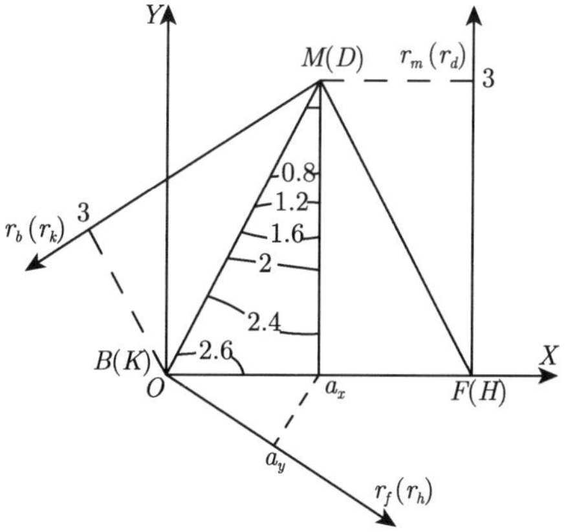

(d) $H\,(\boldsymbol{J}_M)$

图 4.5　拟人机械腿小腿机构的全域性能图谱

仿真结果显示了在 X-Y 直角坐标下的全域性能，对仿真图谱进行深入分析，需要进行图像坐标的转换，再通过式 (4.1)、式 (4.2) 和式 (4.3) 的计算得到具体的大腿尺寸 m、b、f 和小腿尺寸 d、k、h 与全域性能的关系。这里仅对仿真图谱进行简单分析，可以直观地发现：对于同一组尺寸，角速度传递性能指标 $H(\boldsymbol{J}_\omega)$ 与力矩传递性能指标 $H(\boldsymbol{J}_M)$ 的图形相似，取值趋势相反；线速度传递性能 $H(\boldsymbol{J}_V)$ 与力传递性能指标 $H(\boldsymbol{J}_F)$ 的图形相似，取值趋势相同。全域性能表现出的这一性质说明角速度传递性能指标与力矩传递性能指标、线速度传递性能指标与力传递性能指标存在一定的联系。

4.3　拟人机械腿的参数优化

机械结构参数合理设计是机械设计的重要步骤之一，也是机械操作性能的保证。结构参数优化设计方法主要分为单目标参数设计方法和多目标参数设计方法。单目标参数设计方法即选定一种性能进行最优结构设计，例如，苏玉鑫等以灵敏度作为 Stewart 平台的优化目标函数，对 Stewart 平台进行参数选择 [14]；李波等以工作空间作为目标函数，对一台三腿虚拟机床进行参数优化 [15]，上述单目标参数设计方法没有综合考虑其他性能表现，因此比较片面。多目标参数设计方法是选定多个性能指标进行最优结构设计，例如，Stoughton 和 Arai[16] 以工作空间和灵敏度的加权综合进行了改型 Stewart 平台的优化；Merlet 等 [17] 提出一种以工作空间为方向的优化方法，即在保证工作空间的同时，兼顾其他设计目标；南京理工大学的卢强 [18] 应用遗传算法对多个目标函数进行综合优化。

拟人机械腿的尺寸参数的优化设计问题是一个组合优化问题，由于问题的搜索空间大、维度多，如果用枚举法，计算量过大，传统的方法较难解决，需要利用特殊的人工智能技术来解决。在智能优化方法中，遗传算法是寻求组合优化问题满意解的最佳工具之一，Laribi 等 [19] 应用遗传算法和模糊逻辑控制器的组合算法对 Delta 机器人进行优化；Su 等 [20] 用遗传算法来解决机械腿的尺寸设计问题。

本节首先根据遗传算法理论，以全域性能指标为基础建立目标函数；然后借助 MATLAB 遗传算法工具箱对机械腿的尺寸参数在规定范围内进行搜索取值，根据搜索的数据确定机械腿的尺寸参数；最后考虑机械腿加工和装配工艺性，按照机械腿的机构简图对机械腿的结构进行优化设计，借助 SolidWorks 软件对机械腿建立三维实体模型，完成零部件的设计。

4.3.1　基于遗传算法的优化方法

遗传算法是一种通过模拟自然进化过程搜索最优解的方法，虽然在整个进化过程中的遗传操作是随机的，但它所表现的特性并不是完全随机的，它能有效地利用历史信息来推测下一代信息。遗传算法的运行过程为典型的迭代过程，算法的计算流程如图 4.6 所示。

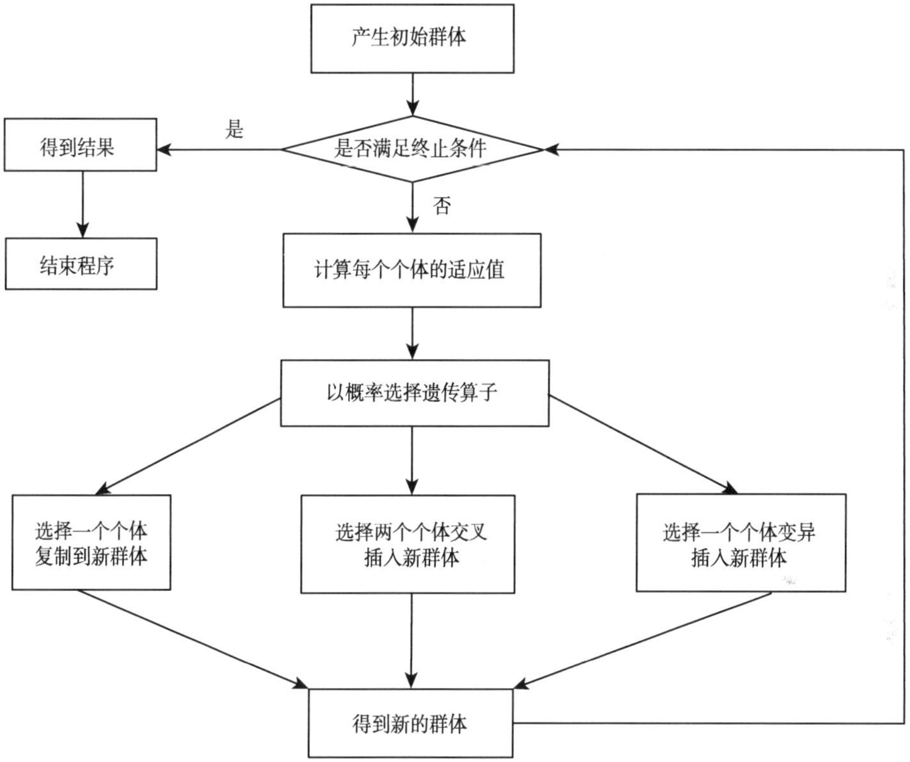

图 4.6　遗传算法的基本流程

遗传算法的实现涉及五个主要因素，即参数编码、初始群体的设定、评估函数 (即适应函数) 的设计、遗传操作的设计和算法控制参数的设定。遗传算法提供了一种求解复杂系统问题的通用框架，它不依赖问题的具体领域，对问题的种类有很强的鲁棒性，对于具体的问题，只要确定相应的适应度函数就可以求解。适应度函数是个体适应性的评价标准，可以由具体问题的目标函数确定。

4.3.2　尺寸设计的目标函数

针对拟人机械腿机构，设计优化的评价标准是运动和力学全域传递性能指标

$H(\boldsymbol{J}_V)$、$H(\boldsymbol{J}_\omega)$、$H(\boldsymbol{J}_F)$、$H(\boldsymbol{J}_M)$。根据 4.2 节的分析结论对传递性能评价指标进行化简，通过对两个指标乘以权值后求和，就可生成设计的目标函数。定义机械腿尺寸设计的目标函数为

$$f_D = P_F \cdot H(\boldsymbol{J}_F) + P_\omega \cdot H(\boldsymbol{J}_\omega) \tag{4.7}$$

式中，P_F、P_ω 分别为 $H(\boldsymbol{J}_F)$ 和 $H(\boldsymbol{J}_\omega)$ 的权值。根据 $H(\boldsymbol{J}_F)$ 和 $H(\boldsymbol{J}_\omega)$ 的定义，两者取值越小越好，那么优化问题就转换为求目标函数的最小值问题。

权值的比重需要根据设计机构的具体要求和两个指标的数量级确定。因为 $H(\boldsymbol{J}_\omega)$ 反映角速度和力矩传递性能，$H(\boldsymbol{J}_F)$ 反映线速度和力传递性能，为了使机械腿的运动和力学性能都比较好，在设计要求上权值比重可以相等。在两个指标的数量级问题上，从 4.2 节的全域性能图谱中可以看出，在取值上，两者基本是一个数量级的，$H(\boldsymbol{J}_F)$ 稍大一些，则权值比重减小一些。权值的设置如表 4.1 所示。

表 4.1　权值的影响因素

指标	功能要求	数量级差异	权值
P_F	0.50	0.90	0.45
P_ω	0.50	1.00	0.50

4.3.3　遗传算法的仿真计算

利用 MATLAB 中的遗传算法工具箱 GAOT[21] 对拟人机械腿的尺寸进行优化计算。由于遗传算法工具箱的主程序 ga 总是用来解决适应度函数的最大化问题，将目标函数取反：

$$g_D = -f_D \tag{4.8}$$

将 g_D 作为适应度函数，按照表 4.1 对各个权值进行取值。

同时，针对这个拟人机械腿的设计问题，参数的选取和各参数的范围也是需要特别分析的。机械腿的尺寸参数有 a、b、c、d、e、f、h、k、m、n 和 φ 共 11 个变量。考虑到拟人机械腿的样机设计应接近人腿的尺寸，需要对这些变量的取值范围加以限定，这也是调用 MATLAB 遗传算法程序前必需的过程。各参数的取值范围如表 4.2 所示。

对拟人机械腿的设计参数在 MATLAB 中进行计算，选择二进制编码，设置种群中的个体数目为 80，交叉概率为 0.6，变异概率为 0.08[22-24]。尺寸优化结果如表 4.3 所示。对搜索过程进行性能跟踪，如图 4.7 所示。

表 4.2　机械腿尺寸参数的取值范围

参数	下限	上限	参数	下限	上限	参数	下限	上限
a/mm	50	250	e/mm	300	500	m/mm	300	500
b/mm	100	400	f/mm	10	200	n/mm	100	250
c/mm	50	250	h/mm	50	200	φ/(°)	90	160
d/mm	300	500	k/mm	50	200			

表 4.3　采用遗传算法搜索出的尺寸参数

a/mm	b/mm	c/mm	d/mm	e/mm	f/mm	h/mm	k/mm	m/mm	n/mm	φ/(°)
96.30	267.55	86.31	456.62	314.97	170.64	130.55	129.52	447.48	180.39	112.94

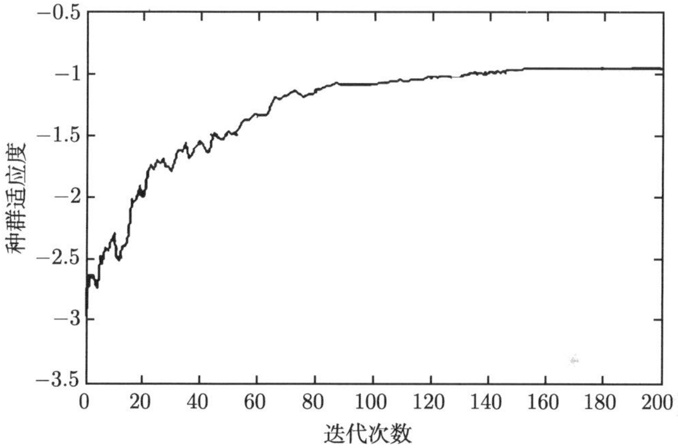

图 4.7　种群适应度平均值随迭代次数的变化情况

结合实际情况，对各个尺寸参数进行圆整，这样最后的尺寸可定为：a=95mm，b=250mm，c=85mm，d=450mm，e=315mm，f=170mm，h=130mm，k=130mm，m=450mm，n=180mm，φ=110°。

图 4.7 为 trace 矩阵中记录种群适应度平均值随迭代次数的变化情况。从图中可看出，MATLAB 函数随机产生初始种群，该初始种群性能较差，适应度较低，通过交叉和变异，种群向着性能好的方向进化。在迭代 150 次左右，种群适应度收敛，利用 trace 矩阵调出第 200 次种群适应度的值为 −0.9370，则有 f_D=0.9370。调用 endPop 矩阵 (记录最终种群的矩阵) 可以看出，所有的个体都非常接近表 4-3 中的最优解，可以认为最终选出的最优解是比较可信的。同时，在迭代过程中出现了一些局部峰值，充分说明利用遗传算法能跳出局部最优值，体现了该算法的优越性。

4.4 拟人机械腿的三维建模

4.4.1 膝关节结构

按照机构原理图的设计思想，其中较难设计的部分为膝关节所在支链的平面四杆机构，如果完全按原理图设计，将转动副 F 通过一个单独的杆件与基座固连，那么机械腿就显得不够紧凑和灵巧。在转动副 F 的固定问题上可以考虑去掉杆件 IF，将转动副 F 直接表示为与机架固连，如图 4.8 所示。图 4.8 与图 2.5 是等价的。为了使机械腿的结构更紧凑，将图 2.5 中的支链 $AIFJ$ 翻转 180°，再将点 J 上的杆件固连到点 E 上 (图 4.8)，这样的改动不会改变原有的工作原理。移动副采用滚珠丝杠实现，根据改进的机构简图，设计了如图 4.9 所示的膝关节所在支链结构。设计中将转动副 F 固定在丝杠导轨的基座上，而该基座与机械腿的静平台基座固连，这样拟人机械腿结构更加紧凑，重量也有所减轻。

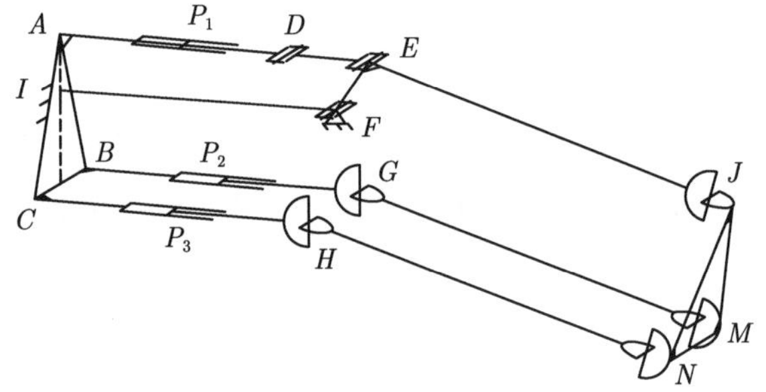

图 4.8 改进后的拟人机械腿机构简图

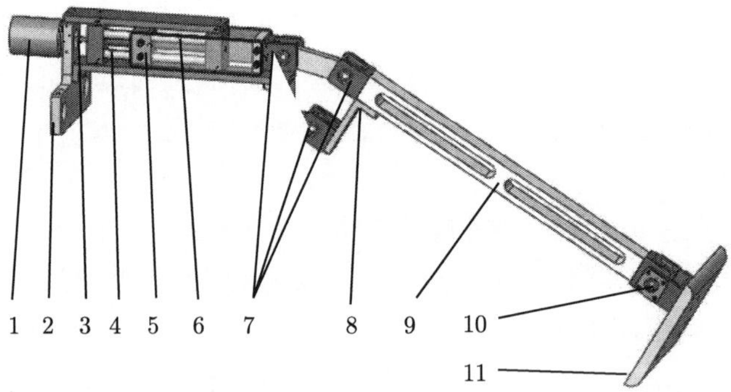

图 4.9 膝关节所在支链结构图

1. 电机；2. 上平台；3. 联轴器；4. 滑动导杆；5. 滑块；6. 丝杠杆件；7. 转动副；8. L 形连接板；9. 杆件；10. 胡克铰；11. 下平台

4.4.2　胡克铰结构

胡克铰在并联机构中使用频率较高，而该结构的设计直接影响了整个并联机构的性能。研究机构的工作空间时，在考虑约束的影响中胡克铰两个方向的转动范围是一个重要因素。对于这个拟人机械腿机构，没有杆件之间的干涉，胡克铰的性能对这个机构性能 (主要指工作空间) 起了决定性的作用。

设计胡克铰时应使两个转动方向的运动范围尽可能大，限制其运动范围的主要原因是两个 U 形支架之间的干涉。考虑到零件加工的能力和成本，采用同时增加 U 形支架的两个同轴转动副的宽度和转动轴线与底座的高度的方法来增大转动范围。因为设计的是机械腿，胡克铰作为运动关节外观要尽量小巧，这种增大尺寸的方法会受到外观设计要求的限制。

同时，胡克铰本身对转动性能有较高的要求，需要使用滚动轴承，转动轴有轴向的定位要求。这类在原理图上看似简单的结构，在实际设计时是比较复杂的。考虑到加工和装配的实际问题，将胡克铰设计为图 4.10 所示的零部件。其中，转动轴的轴向定位采用轴和孔的配合定位，轴向固定分别采用键和定位销实现。

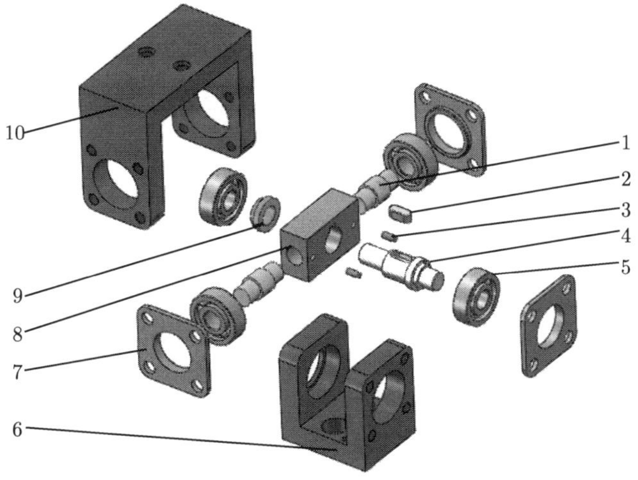

图 4.10　胡克铰零部件图

1. 阶梯轴 (一)；2. 键；3. 定位销；4. 阶梯轴 (二)；5. 滚动轴承；6. 轴承座 (一)；7. 端盖；8. 十字联轴块；9. 轴套；10. 轴承座 (二)

4.4.3　装配体结构

对三条运动支链进行合理布局，避免杆件发生运动干涉，同时根据装配工艺要求设计运动支链与动、静平台的连接方式。

拟人机械腿的装配体结构如图 4.11 所示。三条运动支链通过上、下平台连接在一起，并通过板件对其进行加固。电机固定在上平台上，上平台与髋关节相连。下平台设计为脚底板，直接与地面接触。

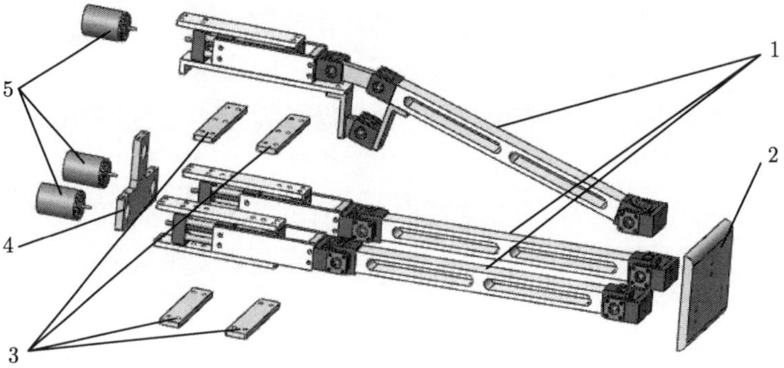

图 4.11　拟人机械腿装配体结构图

1. 运动支链；2. 下平台；3. 加固板件；4. 上平台；5. 电机

4.4.4　拟人机械腿的方案实现

根据结构优化设计方案和遗传算法搜索得到的机械腿的尺寸设计各个零部件，可以使机械腿的各项性能均衡，同时外观紧凑。最终拟人机械腿的整体设计如图 4.12 所示，整体外形美观、匀称。

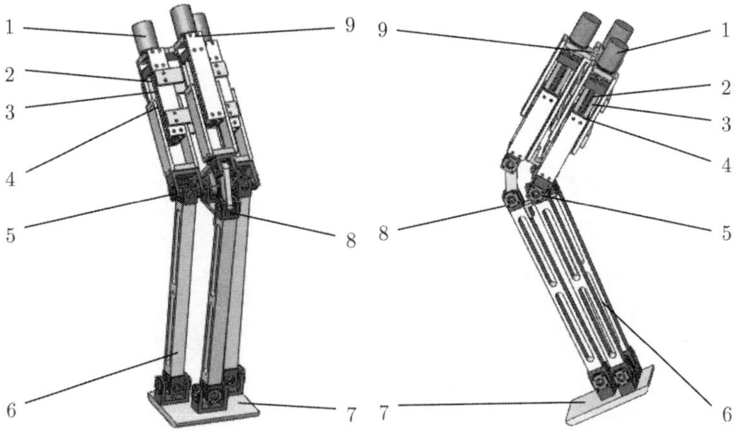

(a) 正面　(b) 侧面

图 4.12　并联拟人机械腿结构图

1. 电机；2. 丝杠；3. 导轨；4. 滑块；5. 胡克铰；6. 杆件；7. 动平台；8. 转动铰链；9. 基座

拟人机械腿实现了本书作者的设计宗旨，具有结构简单、运动惯性小、承载力大、与人腿相仿度高的优点。

4.5 本章小结

本章在拟人机械腿的运动学和静力学性能基础上，综合分析了机构参数对全域性能的影响，主要内容如下。

(1) 应用空间模型技术，分析模型简化后拟人机械腿的大腿和小腿尺寸参数与各性能指标之间的关系，绘制了各项全域性能指标的性能图谱。

(2) 通过仿真与理论分析可知，对于少自由度的并联机构，力矩雅可比矩阵 $\boldsymbol{J}_M$ 与角速度雅可比矩阵 $\boldsymbol{J}_\omega$ 之间、力雅可比矩阵 $\boldsymbol{J}_F$ 与线速度雅可比矩阵 $\boldsymbol{J}_V$ 之间在输入输出传递性上都具有相同的性质。

(4) 根据遗传算法，按照人腿实际尺寸给出搜索范围，得到拟人机械腿尺寸参数的最优组合。

(5) 根据机械腿紧凑、灵巧的设计要求，对膝关节所在支链的结构进行优化，按照加工和装配工艺要求，对拟人机械腿进行机械零部件的设计。

(6) 优化后，拟人机械腿运动与力学传递性能均衡，结构上更加紧凑、灵巧。

参考文献

[1] Saravanan R, Ramabalan S, Dinesh B P. Optimum static balancing of an industrial robot mechanism[J]. Engineering Applications of Artificial Intelligence, 2008, 21(6): 824-834.

[2] Mitsi S, Bouzakis K D, Sagris D, et al. Determination of optimum robot base location considering discrete end-effector positions by means of hybrid genetic algorithm[J]. Robotics & Computer Integrated Manufacturing, 2008, 24(1): 50-59.

[3] 袁剑雄, 王知行, 李兵. 遗传算法在并联机床设计中的应用[J]. 哈尔滨理工大学学报, 1999, (6): 71-75.

[4] 张春凤, 赵辉. 3RRR 并联机器人的优化设计研究[J]. 机械工程与自动化, 2006, (4): 92-93.

[5] 刘旭东, 黄田. 3-TPT 型并联机器人工作空间解析与综合[J]. 中国机械工程, 2001, 12(z1): 151-154.

[6] Jo D Y, Haug E J. Workspace analysis of closed loop mechanisms with unilateral constraints[C]. Proceedings of the ASME Design Automation Conference, Montreal, 1989.

[7] 金振林. 新型六自由度正交并联机器人设计理论与应用技术研究[D]. 秦皇岛: 燕山大学, 2002.

[8] Gao F, Liu X J, Chen X. The relationships between the shapes of the workspaces and the link lengths of 3-DOF symmetrical planar parallel manipulators[J]. Mechanism & Machine Theory, 2001, 36(2): 205-220.

[9] 张世辉, 孔令富, 郭希娟, 等. 6-HURU 并联机器人机构运动学和动力学性能指标分析[J]. 中国机械工程, 2004, 15(20): 1800-1803.

[10] 金振林, 高峰. 一种新颖的六自由度并联机床结构型式及其局部各向同性分析[J]. 中国机械工程, 2001, 12(12): 1359-1361.

[11] 金振林, 李研彪, 谢启文. 一种新型 6-DOF 串并混联拟人机械臂及其位置分析[J]. 中国机械工程, 2009, 20(3): 280-284.

[12] 李研彪, 金振林, 计时鸣, 等. 一种并联结构拟人肩关节的误差分析[J]. 应用基础与工程科学学报, 2009, 17(3): 446-451.

[13] 李研彪, 金振林. 球面三自由度机器人的力矩输入均衡性能分析与设计[J]. 光学精密工程, 2007, 15(5): 730-734.

[14] 苏玉鑫, 段宝岩. 基于遗传算法的 Stewart 型平台结构参数优化设计[J]. 机械设计, 2000, 17(9): 10-12.

[15] 李波, 蔡光起. 基于工作空间和遗传算法的虚拟轴机床参数设计[J]. 机械科学与技术, 2000, 19(2): 246-248.

[16] Stoughton R S, Arai T. A modified Stewart platform manipulator with improved dexterity[J]. Robotics & Automation, 1993, 9(2): 166-173.

[17] Merlet J P, Gosselin C M, Mouly N. Workspaces of planar parallel manipulators[J]. Mechanism & Machine Theory, 1998, 33(1): 7-20.

[18] 卢强. 基于 Stewart 平台机构的并联机床设计理论及方法研究[D]. 南京: 南京理工大学, 2001.

[19] Laribi M, Romdilane L, Zcghtout S. Analysis and dimensional synthesis of the DELTA robot for a prescribed workspace[J]. Mechanism & Machine Theory, 2007, 42: 859-870.

[20] Su Y, Duan B, Zheng C. Genetic design of kinematically optimal fine tuning Stewart platform for large spherical radio telescope[J]. Mechatronics, 2001, 11(7): 821-835.

[21] 尚涛, 谢龙汉, 杜如虚. MATLAB 工程计算及分析[M]. 北京: 清华大学出版社, 2011.

[22] Lopes A, Pires E, Barbosa M. Design of a parallel robotic manipulator using evolutionary computing regular paper[J]. International Journal of Advanced Robotic Systems, 2012, 9: 1-13.

[23] Kelaiaia R, Company O, Zaatri A. Multiobjective optimization of parallel kinematic mechanisms by the genetic algorithms[J]. Robotica, 2012, 30: 783-797.

[24] Hosseini M, Daniali H, Taghirad H. Dexterous workspace optimization of a tricept parallel manipulator[J]. Advanced Robotics, 2011, 25(13/14): 1697-1712.

第 5 章　新型正交 5-DOF 并联气囊抛光机床

气囊抛光是近年来出现的一种新颖的非球曲面抛光方法 [1-4]，浙江工业大学计时鸣教授将这种基于柔性抛光理念的新型气囊抛光技术 [5-12] 应用到非一致曲率的模具抛光领域 [13-18]。新型气囊抛光技术通过控制抛光头在空间的运动实现非一致曲率模具的抛光，其抛光头是一个气压在线可控的柔性气囊，气囊外覆盖抛光布作为抛光工作面，内置电机驱动抛光头旋转，转速亦可调节。通过调节抛光头的进给深度和气囊气压，可将气囊抛光工作面柔度、与工件曲面接触的面积及抛光压力调节到适当的数值，从而得到较好的抛光效果。为了实现非一致曲率的模具抛光的要求，需要气囊抛光设备实现空间五个自由度的运动 (除抛光头的自转外)。当前气囊抛光设备主要采用串联机构的机械臂，具有结构复杂、惯性大和自重负荷比大等缺点。

基于当前气囊抛光设备的不足之处 [19-22]，本书提出一种新型正交 5-DOF 并联气囊抛光机床 [23]，并对其进行位置分析、工作空间分析、运动学性能分析和静力学性能分析，为机械臂的研制与应用奠定理论基础。

新型正交 5-DOF 并联气囊抛光机床具有结构简单、精度高、初始装配位姿解耦、工艺性好、适应复杂型面加工、运动惯性小和自重负荷比小等优点，适用于空间曲面 (模具、叶片等) 零件的加工及精密抛光等领域 [14,24]。

5.1　新型正交 5-DOF 并联气囊抛光机床布局特点

新型正交 5-DOF 并联气囊抛光机床的机构简图如图 5.1 所示，由静平台、动平台及连接于两者之间的运动支链组成。动平台通过五条相同的运动支链 PSS(移动副–球铰–球铰) 及一条约束支链 UPU(胡克铰–移动副–胡克铰) 与静平台相连，约束支链限制了动平台的自转；五条相同的运动支链 PSS 分三组 (3-1-1)，分别分布在三个相互垂直的平面上，动平台上各球铰中心在同一个平面上；当各支链移动副的轴线分别与动平台的三个相互垂直的表面垂直，且各支链的定长杆的轴线分别与相应的直线移动副的轴线共线时，该机床处于正交初始装配位姿。

建立与运动平台固结的动坐标系 $\{P\}$：O'-$x'y'z'$，原点 O' 位于动平台表面三角形 $C_1C_2C_3$ 的中线的中点处，y' 轴与动平台表面三角形 $C_1C_2C_3$ 的中线共线，x'

轴垂直于动平台表面三角形 $C_1C_2C_3$，由右手螺旋定则确定 z' 轴；建立与固定平台 (即静平台) 固结的静坐标系 $\{B\}$：$O\text{-}xyz$，坐标系的原点和三个坐标轴分别与在初始位姿的坐标系 $\{P\}$ 绕 x' 轴顺时针旋转 90° 后的原点和坐标轴重合：

$$M = d(n-g-1) + \sum_{i=1}^{g} f_i + v - \zeta \tag{5.1}$$

式中，M 表示机构的自由度；d 表示机构的阶数；n 表示包括机架的构件数目；g 表示运动副的数目；f_i 表示第 i 个运动副的自由度；v 表示空间机构在去除公共约束后的冗余约束的数目；ζ 表示该机构中的局部自由度 (通常由观察法得到)。

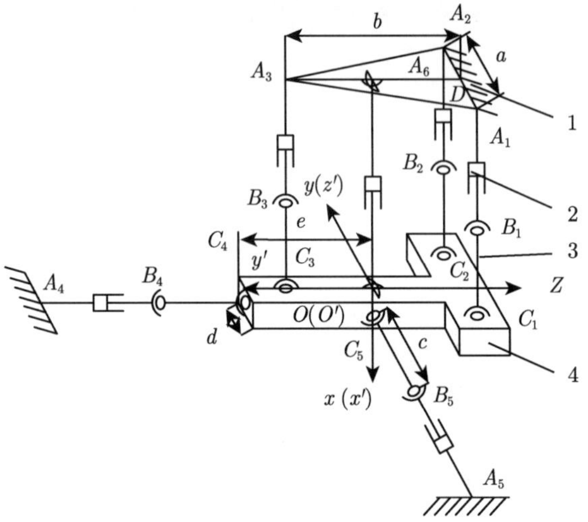

图 5.1　新型正交 5-DOF 并联气囊抛光机床的机构简图

1. 静平台；2. 移动副；3. 定长杆；4. 动平台

由图 5.1 可知，n=14，g=18，ζ=5，d=6，v=0，运动副的自由度总数为 40，由式 (5.1) 可得这种机床的自由度数 M=5。

以 Stewart 平台为原型的 5-DOF 并联机床无论怎样选择其初始装配位姿，其结构和装配工艺性都存在诸多问题：各分支在空间相互间既不平行又不垂直，给装配和检测带来很大不便；为扩大工作空间，与运动平台相接的各球铰需倾斜安装，需要在运动平台上加工出各个倾斜的安装面和安装孔，且 Stewart 平台结构特点决定了运动平台上的各个倾斜的安装孔必须共圆，这就使安装面和安装孔的设计和制造都较为复杂；固定平台的结构和装配工艺性也存在以上问题。

并联机床初始装配位姿的选择是否合理，对机床的几何精度和制造成本有着直接影响。这里选择新型正交 5-DOF 并联气囊抛光机床机构的正交位姿为机床的初始装配位姿，因为它具有以下好的结构和装配工艺性。

(1) 在初始装配位姿，各组分支轴线与对应的球铰安装平面相互垂直，便于装配时达到设计中提出的装配精度要求。

(2) 根据布局特点，各组球铰在运动平台上的分布是规则的，给运动平台的设计、加工和球铰的装配带来方便。

(3) 各组球铰在固定平台上的分布是规则的，固定平台也具有较好的工艺性。

(4) 机床机构驱动器全部置于机座上，减轻了可动构件的质量，这是相对于 SPS 运动链的优点。

上述工艺性特点给机床的装配和检测带来便利，简化了装配和检测工具，降低了装配难度，缩短了工作时间，生产效率得到提高。

5.2 位置分析

5.2.1 位置反解

串联机构的正解容易、反解困难，而并联机构的位置反解相对容易，有利于提高控制算法的求解速度。本节结合新型正交 5-DOF 并联气囊抛光机床机构的结构布局特点，推导这种机构的位置反解的封闭解。

设新型正交 5-DOF 并联气囊抛光机床的动坐标系 $\{P\}$ 原点在静坐标系 $\{B\}$ 中的位姿矢量为 $\boldsymbol{h}=(x\quad y\quad z\quad \alpha\quad \beta-90°)^{\mathrm{T}}$，其中，$\alpha$ 和 β 分别是绕 z 轴和 y 轴的转角。由图 5.1 可知，铰链点 A_i 在静坐标系中的位置矢量为

$$\begin{cases}{}^{B}\boldsymbol{A}_1=(-(L_{10}+c)\quad -a/2\quad b/2)^{\mathrm{T}}\\ {}^{B}\boldsymbol{A}_2=(-(L_{20}+c)\quad a/2\quad b/2)^{\mathrm{T}}\\ {}^{B}\boldsymbol{A}_3=(-(L_{30}+c)\quad 0\quad -b/2)^{\mathrm{T}}\\ {}^{B}\boldsymbol{A}_4=(0\quad 0\quad -(L_{40}+c+e))^{\mathrm{T}}\\ {}^{B}\boldsymbol{A}_5=(0\quad -(L_{50}+c+d/2)\quad 0)^{\mathrm{T}}\end{cases}\tag{5.2}$$

式中，L_{i0} $(i=1,2,\cdots,5)$ 分别为各直线移动副 A_iB_i 的初始位移。

铰链点 B_i 在静坐标系中的位置矢量为

$$\begin{cases}{}^{B}\boldsymbol{B}_1=(-(c-\Delta l_1)\quad -a/2\quad b/2)^{\mathrm{T}}\\ {}^{B}\boldsymbol{B}_2=(-(c-\Delta l_2)\quad a/2\quad b/2)^{\mathrm{T}}\\ {}^{B}\boldsymbol{B}_3=(-(c-\Delta l_3)\quad 0\quad -b/2)^{\mathrm{T}}\\ {}^{B}\boldsymbol{B}_4=(0\quad 0\quad -(c+e-\Delta l_4))^{\mathrm{T}}\\ {}^{B}\boldsymbol{B}_5=(0\quad -(c+d/2-\Delta l_5)\quad 0)^{\mathrm{T}}\end{cases}\tag{5.3}$$

式中，Δl_i (i=1,2,$\cdots$, 5) 分别为各直线移动副 A_iB_i 的输入位移。

铰链点 C_i 在动坐标系中的位置矢量为

$$\begin{cases} {}^P\boldsymbol{C}_1 = (0 \quad -b/2 \quad -a/2)^{\mathrm{T}} \\ {}^P\boldsymbol{C}_2 = (0 \quad -b/2 \quad a/2)^{\mathrm{T}} \\ {}^P\boldsymbol{C}_3 = (0 \quad b/2 \quad 0)^{\mathrm{T}} \\ {}^P\boldsymbol{C}_4 = (0 \quad e \quad 0)^{\mathrm{T}} \\ {}^P\boldsymbol{C}_5 = (0 \quad 0 \quad -d/2)^{\mathrm{T}} \end{cases} \tag{5.4}$$

可得铰链点 C_i 在静坐标系 $\{B\}$ 中的位置矢量为

$${}^B\boldsymbol{C}_i = \boldsymbol{T}{}^P\boldsymbol{C}_i + \boldsymbol{h} \tag{5.5}$$

式中，$\boldsymbol{T}$ 为动坐标系的姿态转换矩阵，其表达式为

$$\boldsymbol{T} = \begin{bmatrix} t_{11} & t_{12} & t_{13} \\ t_{21} & t_{22} & t_{23} \\ t_{31} & t_{32} & t_{33} \end{bmatrix} = \begin{bmatrix} \mathrm{c}\alpha & -\mathrm{s}\alpha & 0 \\ \mathrm{s}\alpha & \mathrm{c}\alpha & 0 \\ 0 & 0 & 1 \end{bmatrix} \begin{bmatrix} \mathrm{c}\beta & 0 & \mathrm{s}\beta \\ 0 & 1 & 0 \\ -\mathrm{s}\beta & 0 & \mathrm{c}\beta \end{bmatrix} \begin{bmatrix} 1 & 0 & 0 \\ 0 & \mathrm{c}\gamma & -\mathrm{s}\gamma \\ 0 & \mathrm{s}\gamma & \mathrm{c}\gamma \end{bmatrix}$$

式中，s 表示 sin；c 表示 cos。

矩阵 $\boldsymbol{T}$ 中各元素的大小取决于动平台绕固定坐标系 z 轴的旋转角 α、绕固定坐标系 y 轴的旋转角 β 以及绕固定坐标系 x 轴的旋转角 γ 的大小。矩阵 $\boldsymbol{T}$ 的第一列、第二列和第三列分别表示运动坐标系 $\{P\}$ 在固定坐标系 $\{B\}$ 的 x 轴、y 轴和 z 轴上的方向余弦，矩阵中各元素具体表示如下：

$$\begin{cases} t_{11} = \mathrm{c}\alpha\mathrm{c}\beta \\ t_{12} = \mathrm{c}\alpha\mathrm{s}\beta\mathrm{s}\gamma - \mathrm{s}\alpha\mathrm{c}\gamma \\ t_{13} = \mathrm{c}\alpha\mathrm{s}\beta\mathrm{c}\gamma + \mathrm{s}\alpha\mathrm{c}\gamma \\ t_{21} = \mathrm{s}\alpha\mathrm{c}\beta \\ t_{22} = \mathrm{s}\alpha\mathrm{s}\beta\mathrm{s}\gamma + \mathrm{c}\alpha\mathrm{c}\gamma \\ t_{23} = \mathrm{s}\alpha\mathrm{s}\beta\mathrm{c}\gamma - \mathrm{c}\alpha\mathrm{s}\gamma \\ t_{31} = -\mathrm{s}\beta \\ t_{32} = \mathrm{c}\beta\mathrm{s}\gamma \\ t_{33} = \mathrm{c}\beta\mathrm{c}\gamma \end{cases} \tag{5.6}$$

由这种机床的结构布局特点，可以得到这种机床的反解方程为

$$c^2 = ({}^B\boldsymbol{C}_i - {}^B\boldsymbol{B}_i)^{\mathrm{T}} ({}^B\boldsymbol{C}_i - {}^B\boldsymbol{B}_i) \tag{5.7}$$

由式 (5.2)~ 式 (5.7) 可得

$$\begin{cases}\Delta l_1=-\sqrt{c^2-(C_{21}+a/2)^2-(C_{31}-b/2)^2}+c+C_{11}\\ \Delta l_2=-\sqrt{c^2-(C_{22}+a/2)^2-(C_{32}-b/2)^2}+c+C_{12}\\ \Delta l_3=-\sqrt{c^2-C_{23}^2-(C_{33}+b/2)^2}+c+C_{13}\\ \Delta l_4=-\sqrt{c^2-C_{14}^2-C_{24}^2}+c+e+C_{34}\\ \Delta l_5=-\sqrt{c^2-C_{15}^2-C_{35}^2}+c+d/2+C_{25}\end{cases}\tag{5.8}$$

式中，$C_{ij}(i,j=1,2,\cdots,5)$ 分别为关于 α、β、x、y 和 z 的函数。

式 (5.8) 为新型正交 5-DOF 并联气囊抛光机床的位置反解的唯一解。

5.2.2　位置正解

对大多数的并联机构而言，其位置正解相对较复杂，不仅涉及求解一类非线性方程组，还具有多种可能解。

目前，并联机床常用以下方法来对正解进行分析。

(1) 数值解法。对各输入支路的长度表达式可以采用最小二乘法，写成如下的目标函数形式：

$$\min F(x,y,z,\alpha,\beta)=\sum_{i=1}^{5}\left[l_i-|{}^AP_{Bi}-{}^AP_{Ai}|\right]^2\tag{5.9}$$

式 (5.9) 中含有五个未知变量，求解非常困难。可以对未知变量进行处理，降为三个变量进行优化搜索，对三角平台，采用几何形体法简化成为只含一个变量的一维搜索；另外，作为数值方法的同伦算法 [25] 也可以取得很好的结果。

(2) 封闭解法。这种方法需要一定的技巧，能够采用解析法确定封闭解的机构形式并不多，例如，梁崇高和荣辉 [26] 得出了 6-3 型平台机构的位置封闭解。

(3) 使用附加传感器来辅助求解的方法 [27]。通过线位移、角位移或摄像头等传感器可消除多解的歧义性并能提高算法速度，但这种方法需要以实际装置为基础，且计算精度受到测量精度的影响。

本章采用数值解法，当已知 Δl_i $(i=1,2,\cdots,5)$ 时，代入式 (5.7)，可得

$$\begin{cases}(C_{21}+a/2)^2+(C_{31}-b/2)^2+(c+C_{11}-\Delta l_1)^2=c^2\\ (C_{22}-a/2)^2+(C_{32}-b/2)^2+(c+C_{12}-\Delta l_2)^2=c^2\\ C_{23}^2+(C_{33}+b/2)^2+(c+C_{13}-\Delta l_3)^2=c^2\\ C_{14}^2+C_{24}^2+(c+e+C_{34}-\Delta l_4)^2=c^2\\ C_{15}^2+C_{34}^2+(c+d/2+C_{25}-\Delta l_5)^2=c^2\end{cases}\tag{5.10}$$

方程组 (5.10) 是五个关于 α、β、x、y 和 z 的方程。采用数值解迭代方法，同时考虑其终端平台输出的连续性，可求出这种机床的唯一正解。

5.2.3 算例

新型正交 5-DOF 并联气囊抛光机床的结构尺寸参数如表 5.1 所示。综合式 (5.1)~式 (5.10)，利用位置反解公式，借助 MATLAB 软件，计算输入输出的部分数据，如表 5.2 和表 5.3 所示。在表 5.2 中，前五列为基于反解的部分数据，后六列为输入数据。在表 5.3 中，基于表 5.3 中的前五列数据，可得正解的部分数据。由表 5.4 可知，新型正交 5-DOF 并联气囊抛光机床的位置正反解具有统一性。

当新型正交 5-DOF 并联气囊抛光机床取相同的结构参数时，应用 ADAMS 建模计算的输出与输入的部分数据，如表 5.4 所示。通过上述分析可知，理论计算与 ADAMS 建模计算的数据基本相同，这也说明了这种机床机构的位置正反解的正确性。

表 5.1　新型正交 5-DOF 并联气囊抛光机床的结构尺寸参数

L_{i0}/mm	Δl_i/mm	a/mm	b/mm	c/mm	d/mm	e/mm	θ/(°)
200	±200	300	200	600	50	150	30

表 5.2　反解的部分数据

Δl_1/mm	Δl_2/mm	Δl_3/mm	Δl_4/mm	Δl_5/mm	x/mm	y/mm	z/mm	α/(°)	β/(°)	γ/(°)
52.0870	52.0870	52.0870	4.1812	52.0870	50	50	0	0	0	−90
26.0516	−26.0429	0	0	0.3955	0	0	0	10	0	−90
43.1735	−8.9438	−17.0915	2.8445	0.3955	0	0	0	10	10	−90
95.7035	43.2047	34.7434	4.5005	52.8457	50	50	0	10	10	−90
104.4524	51.5610	43.0348	60.4247	104.9413	50	100	50	10	10	−90
138.8251	112.4811	108.1580	115.1977	117.3778	100	100	100	5	5	−90
−37.0041	−112.9371	−91.1876	−79.6247	−83.3161	−100	−100	−100	15	5	−90

表 5.3　正解的部分数据

Δl_1/mm	Δl_2/mm	Δl_3/mm	Δl_4/mm	Δl_5/mm	x/mm	y/mm	z/mm	α/(°)	β/(°)	γ/(°)
52.0870	52.0870	52.0870	4.1812	52.0870	50.1021	50.0382	0.0037	0.0109	0.0604	−90
26.0516	−26.0429	0	0	0.3955	0.0098	0.0096	0.0091	10.0804	0.3102	−90
43.1735	−8.9438	−17.0915	2.8445	0.3955	0.0101	0.0016	0.1002	10.0091	10.0061	−90
95.7035	43.2047	34.7434	4.5005	52.8457	50.0910	50.0076	0.0801	10.1067	10.0603	−90
104.4524	51.5610	43.0348	60.4247	104.9413	50.3102	100.0011	50.0901	10.0725	10.0913	−90
138.8251	112.4811	108.1580	115.1977	117.3778	100.0091	100.0309	100.0013	5.0506	5.0018	−90
−37.0041	−112.9371	−91.1876	−79.6247	−83.3161	−100.0605	−100.0009	−100.0012	15.0013	5.0312	−90

表 5.4 ADAMS 软件计算的输入与输出的部分数据

Δl_1/mm	Δl_2/mm	Δl_3/mm	Δl_4/mm	Δl_5/mm	x/mm	y/mm	z/mm	α/(°)	β/(°)	γ/(°)
52.0870	52.0870	52.0870	4.1812	52.0870	50	50	0	0.0011	0.0018	−90
26.0516	−26.0429	0	0	0.3955	0	0	0	10.3012	0.0908	−90
43.1735	−8.9438	−17.0915	2.8445	0.3955	0	0	0	10.0021	10.0031	−90
95.7035	43.2047	34.7434	4.5005	52.8457	50	50	0	10.0022	10.0031	−90
104.4524	51.5610	43.0348	60.4247	104.9413	50	100	50	10.0016	10.0021	−90
138.8251	112.4811	108.1580	115.1977	117.3778	100	100	100	5.0106	5.0301	−90
−37.0041	−112.9371	−91.1876	−79.6247	−83.3161	−100	−100	−100	15.0312	0.0018	−90

5.3 工作空间分析

5.3.1 结构约束分析

设球铰 B_i 和 C_i 的摆角分别为 ζ_i 和 ξ_i，$\boldsymbol{\sigma}_i$ 为沿定长杆 B_iC_i 方向的单位矢量，$\boldsymbol{\eta}_i$ 为沿分支 i 的输入速度方向的单位矢量，则球铰的约束条件为

$$\begin{cases} \zeta_i = \arccos(\boldsymbol{\sigma}_i \cdot \boldsymbol{\eta}_i) \\ \xi_i = \arccos(\boldsymbol{\sigma}_i \cdot \boldsymbol{T}\eta_i) \end{cases} \tag{5.11}$$

式中，$\boldsymbol{\sigma}_i = (C_i - B_i)/c; \boldsymbol{\eta}_i = (B_i - A_i)/\sqrt{(B_i - A_i)^{\mathrm{T}}(B_i - A_i)}$。

设 ζ_i 和 ξ_i 的最大摆角分别为 $\zeta_{i\max}$ 和 $\xi_{i\max}$，则这种机床的摆角约束为

$$\begin{cases} 0 \leqslant \zeta_i \leqslant \zeta_{i\max} \\ 0 \leqslant \xi_i \leqslant \xi_{i\max} \end{cases} \tag{5.12}$$

设各定长支柱之间的最短距离为 $D_i(i=1,2,\cdots,5)$，各定长支柱的半径均为 $\varPhi$，则直线移动副的长度约束为

$$D_i \geqslant \varPhi \tag{5.13}$$

设三个直线移动副 P_1、P_2 和 P_3 的输入位移的最大值和最小值分别为 $L_{i\max}$ 和 $L_{i\min}$ $(i=1,2,\cdots,5)$，则直线移动副的长度约束为

$$L_{i\min} \leqslant L_i \leqslant L_{i\max} \tag{5.14}$$

5.3.2 工作空间形状分析

新型正交 5-DOF 并联气囊抛光机床的结构尺寸参数见表 5.1，$\zeta_{i\max}$ 和 $\xi_{i\max}$ 分别为 30°，各定长支柱的半径 $\varPhi$ 均为 80mm，综合式 (5.2)~式 (5.14)，借助 MATLAB 软件，绘制该机床的定姿态工作空间轮廓图，如图 5.2 和图 5.3 所示。图 5.2 和图 5.3 分别为 $\alpha=\beta=0°$ 和 $\alpha=\beta=10°$ 时工作空间内的 x 截面图和 z 截面图。

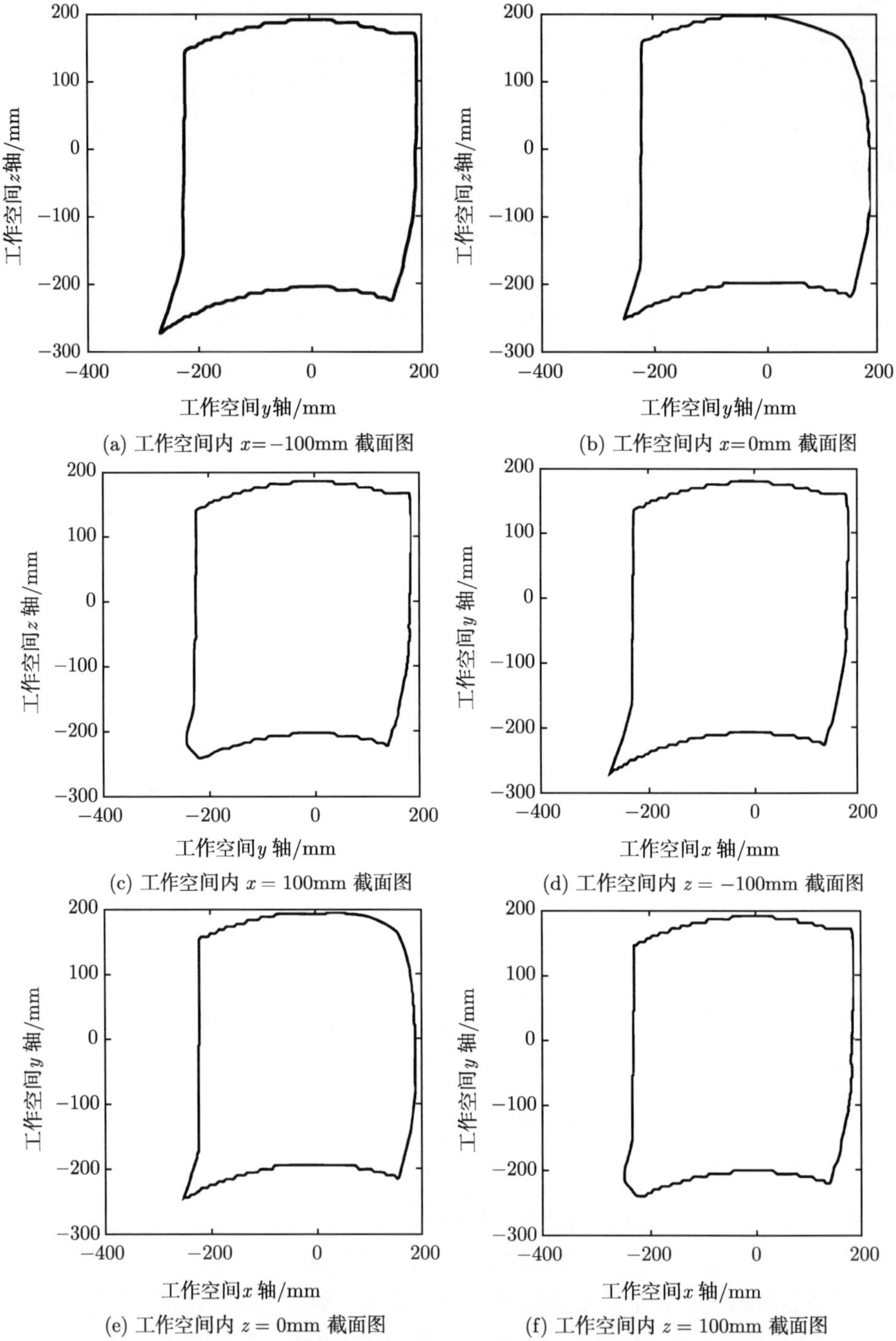

图 5.2　当 α=β=0° 时新型正交 5-DOF 并联气囊抛光机床的工作空间截面图

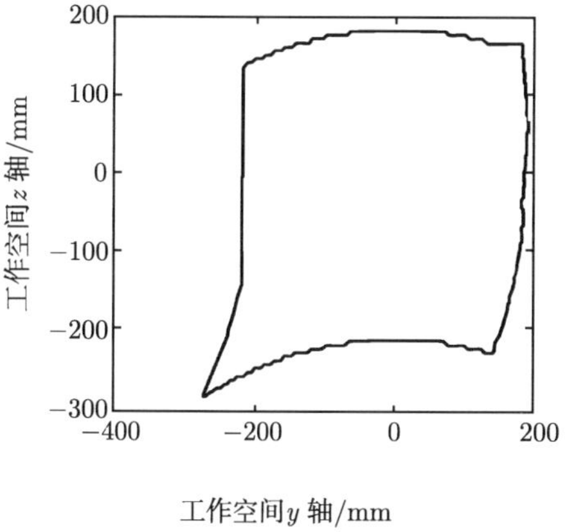

(a) 工作空间内 $x = -100$mm 截面图

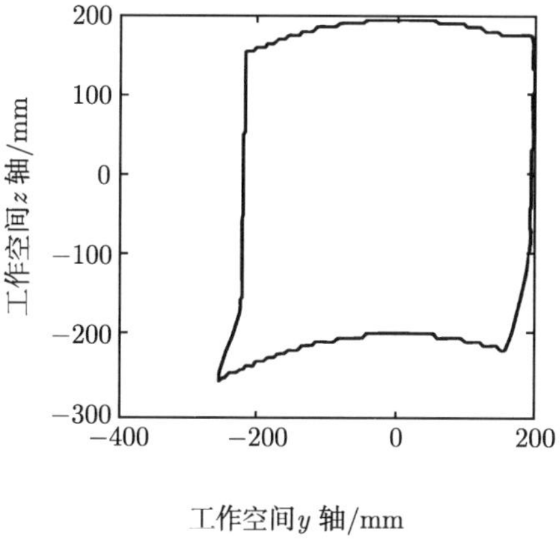

(b) 工作空间内 $x = 0$mm 截面图

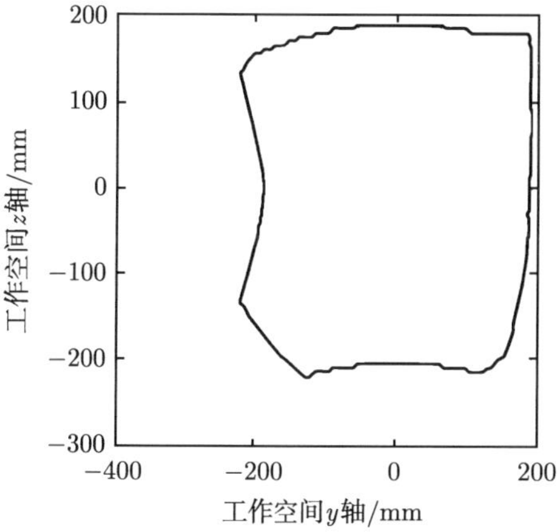

(c) 工作空间内 x=100mm 截面图

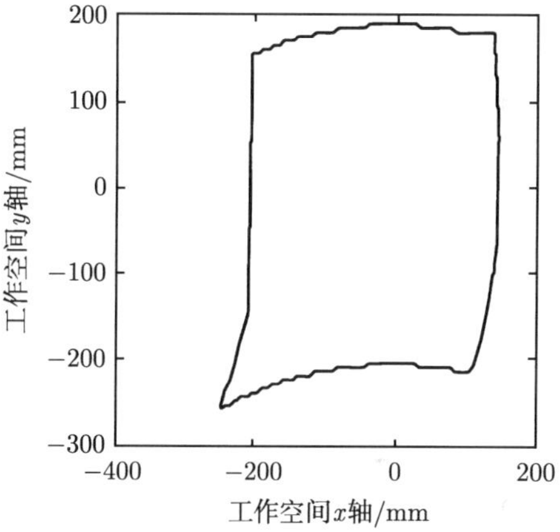

(d) 工作空间内 z=−100mm 截面图

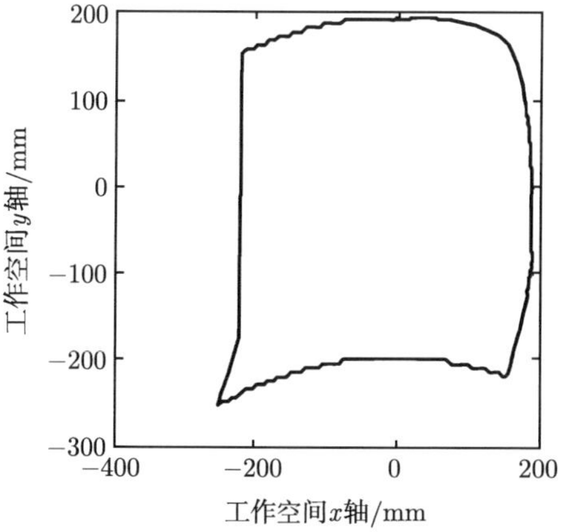

(e) 工作空间内 z=0mm 截面图

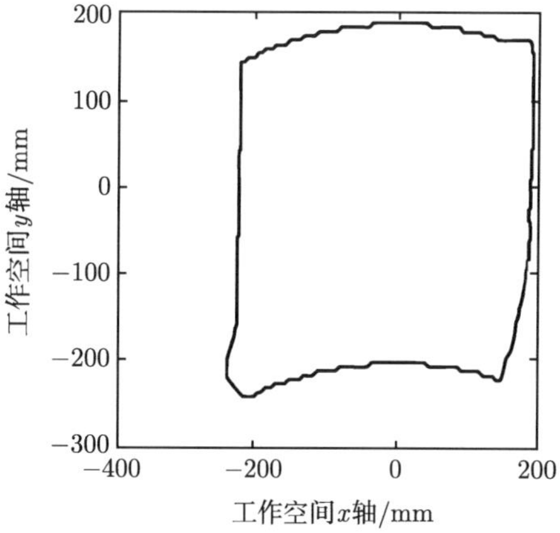

(f) 工作空间内 z=100mm 截面图

图 5.3　当 $\alpha=\beta=10°$ 时新型正交 5-DOF 并联气囊抛光机床的工作空间截面图

通过对新型正交 5-DOF 并联气囊抛光机床的分析可知，该机床的工作空间较大、连续、可灵活实现空间五自由度运动，适合于具有表面形态复杂特点的模具，保证足够的自由度以满足抛光工具的姿态和平移控制的特点，充分发挥了并联机构的优点，为这种机床的设计及气囊抛光技术的应用奠定了理论基础。

5.3.3 设计参数对工作空间的影响

当新型正交 5-DOF 并联气囊抛光机床的结构几何参数为表 5.1 所列时，其工作空间 (WSV) 为基准值 W_0，则工作空间大小的相对值 (WSRV) 可以定义为

$$\mathrm{WSRV}=\frac{\mathrm{WSV}}{W_0}\times 100\% \tag{5.15}$$

新型正交 5-DOF 并联气囊抛光机床的主要结构参数为 a、b、c、d 和 e。当其中一个结构参数变化而其他结构参数不变时，在工作空间范围内搜索，分析各结构参数对工作空间大小的影响情况，d 和 e 对工作空间的大小影响较小，不明显。因此，本章仅考虑结构参数 a、b、c 对工作空间大小的影响情况，如图 5.4~图 5.6 所示。

从图 5.4~图 5.6 可以清晰地看出各主要结构参数对工作空间大小的影响情况，工作空间随参数 a、b 的增加而线性减小，减小趋势大致相同。在参数 c 取 0~700mm 时，工作空间随参数 c 的增加而增加，且增加趋势比较明显；随后参数 c 再增加时，工作空间无明显变化。

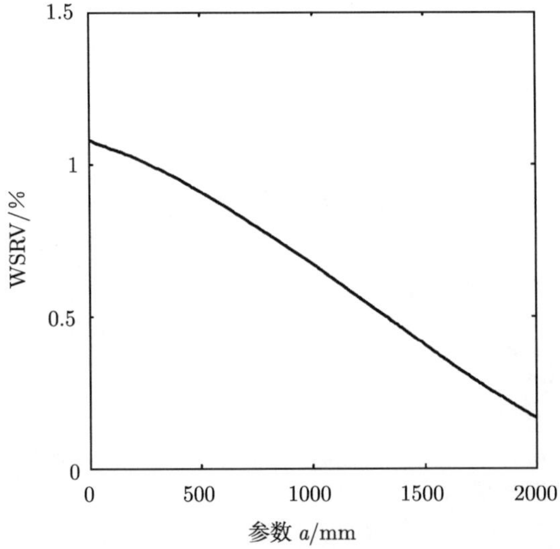

图 5.4 参数 a 对工作空间大小的影响

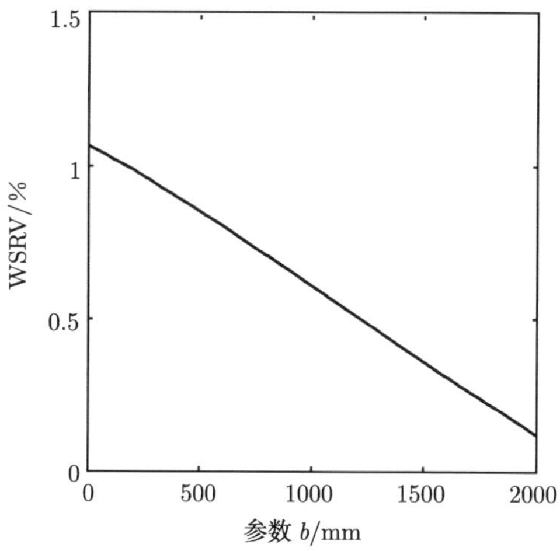

图 5.5　参数 b 对工作空间大小的影响

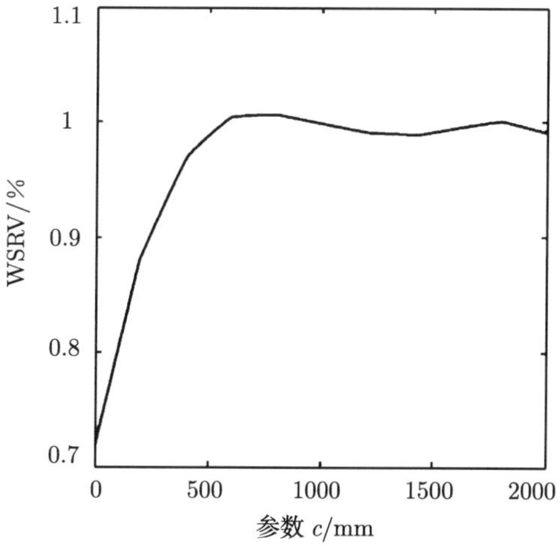

图 5.6　参数 c 对工作空间大小的影响

5.4　运动学性能分析

5.4.1　雅可比矩阵的求解

由图 5.1 可知，基于新型正交 5-DOF 并联气囊抛光机床的结构特点，可得

$$(\boldsymbol{V}\boldsymbol{\omega})^{\mathrm{T}} = \boldsymbol{J}\boldsymbol{v} \tag{5.16}$$

式中，$\boldsymbol{V}=(\boldsymbol{V}_x \quad \boldsymbol{V}_y \quad \boldsymbol{V}_z)^{\mathrm{T}}$ 坐标系 $\{P\}$ 相对于坐标系 $\{B\}$ 的线速度矢量；$\boldsymbol{\omega}=(\boldsymbol{\omega}_y$

$\boldsymbol{\omega}_z)^{\mathrm{T}}$ 表示坐标系 $\{P\}$ 相对于坐标系 $\{B\}$ 的角速度矢量；$\boldsymbol{v}=(v_1 \cdots v_5)$ 为输入速度矢量。

$\boldsymbol{J} \in \mathbf{R}^{5\times 5}$ 为这种机床的雅可比矩阵，其表达式为

$$\boldsymbol{J}=\begin{bmatrix} \boldsymbol{e}_1^{\mathrm{T}} & ({}^B\boldsymbol{C}_1 \times \boldsymbol{e}_1)^{\mathrm{T}}\boldsymbol{\Lambda} \\ \boldsymbol{e}_2^{\mathrm{T}} & ({}^B\boldsymbol{C}_2 \times \boldsymbol{e}_2)^{\mathrm{T}}\boldsymbol{\Lambda} \\ \boldsymbol{e}_3^{\mathrm{T}} & ({}^B\boldsymbol{C}_3 \times \boldsymbol{e}_3)^{\mathrm{T}}\boldsymbol{\Lambda} \\ \boldsymbol{e}_4^{\mathrm{T}} & ({}^B\boldsymbol{C}_4 \times \boldsymbol{e}_4)^{\mathrm{T}}\boldsymbol{\Lambda} \\ \boldsymbol{e}_5^{\mathrm{T}} & ({}^B\boldsymbol{C}_5 \times \boldsymbol{e}_5)^{\mathrm{T}}\boldsymbol{\Lambda} \end{bmatrix}^{-1} \begin{bmatrix} \boldsymbol{e}_1\cdot\boldsymbol{n}_1 & 0 & \cdots & 0 \\ 0 & \boldsymbol{e}_2\cdot\boldsymbol{n}_2 & \cdots & 0 \\ \vdots & \vdots & & \vdots \\ 0 & 0 & \cdots & \boldsymbol{e}_3\cdot\boldsymbol{n}_3 \end{bmatrix} \tag{5.17}$$

式中，$\boldsymbol{e}_i$ 和 $\boldsymbol{n}_i$ 分别为 C_iB_i 和 B_iA_i 方向的单位矢量。

$\boldsymbol{\Lambda}$ 的表达式为

$$\boldsymbol{\Lambda}=\begin{bmatrix} 0 & -\sin\alpha \\ 0 & \cos\alpha \\ 1 & 0 \end{bmatrix} \tag{5.18}$$

考虑线速度和角速度为不同的量纲，式 (5.16) 可改写成如下形式：

$$\begin{cases} \boldsymbol{V}=\boldsymbol{J}_V\boldsymbol{v} \\ \boldsymbol{\omega}=\boldsymbol{J}_\omega\boldsymbol{v} \end{cases} \tag{5.19}$$

式中，$\boldsymbol{J}_V \in \mathbf{R}^{3\times 5}$ 和 $\boldsymbol{J}_\omega \in \mathbf{R}^{2\times 5}$ 分别为线速度和角速度雅可比矩阵。

5.4.2　运动学性能评价指标的定义及其分布

由式 (5.16) 可知，新型正交 5-DOF 并联气囊抛光机床的输入速度和输出速度之间的传递关系取决于矩阵 $\boldsymbol{J}$ ，不妨设 $\boldsymbol{v}^{\mathrm{T}}\boldsymbol{v}=1$，由式 (5.16)~式 (5.19) 可得如下方程式：

$$\begin{cases} \boldsymbol{V}^{\mathrm{T}}(\boldsymbol{J}_V\boldsymbol{J}_V^{\mathrm{T}})^{-1}\boldsymbol{V}=1 \\ \boldsymbol{\omega}^{\mathrm{T}}(\boldsymbol{J}_\omega\boldsymbol{J}_\omega^{\mathrm{T}})^{-1}\boldsymbol{\omega}=1 \end{cases} \tag{5.20}$$

式 (5.20) 表明，当分支的输入速度矢量 $\boldsymbol{v}$ 的模为单位 1 时，$\boldsymbol{V}$ 和 $\boldsymbol{\omega}$ 分别位于一个椭球和一个椭圆上，$\boldsymbol{J}_V$ 和 $\boldsymbol{J}_\omega$ 的奇异值分别为椭球和椭圆的主轴长度，椭球和椭圆直观表征了新型正交 5-DOF 并联气囊抛光机床的运动传递性能。设 σ_{1V} 和 σ_{3V} 为 $\boldsymbol{J}_V$ 的最大和最小奇异值，$\sigma_{1\omega}$ 和 $\sigma_{2\omega}$ 为 $\boldsymbol{J}_\omega$ 的最大和最小奇异值，当 $\sigma_{1V}=\sigma_{3V}$、$\sigma_{1\omega}=\sigma_{2\omega}$ 时，椭球和椭圆分别变为圆球和圆。为了反映速度传递性能的大小及分布状况，定义线速度传递性能评价指标和角速度传递性能评价指标：

$$\begin{cases} \eta_V=\sigma_{1V} \\ \eta_\omega=\sigma_{1\omega} \end{cases} \tag{5.21}$$

当传递性能评价指标 η_V 和 η_ω 的值较大时，该气囊抛光机床的传递性能较好。

在工作空间内，各性能评价指标在不同的位姿可能对应不同的值。因此，很有必要研究这些性能评价指标在工作空间内的分布情况。新型正交 5-DOF 气囊抛光机床的工作空间是满足约束条件的工作空间，其结构参数的大小可参看表 5.1。综合式 (5.2)~式 (5.21)，借助 MATLAB 软件，绘制速度传递性能评价指标在工作空间内的分布规律，如图 5.7 和图 5.8 所示。由图可知，线速度传递性能评价指标和角速度传递性能评价指标均较高，工作空间内分布稳定，表明该机床传递性能好，运动操作性能稳定。

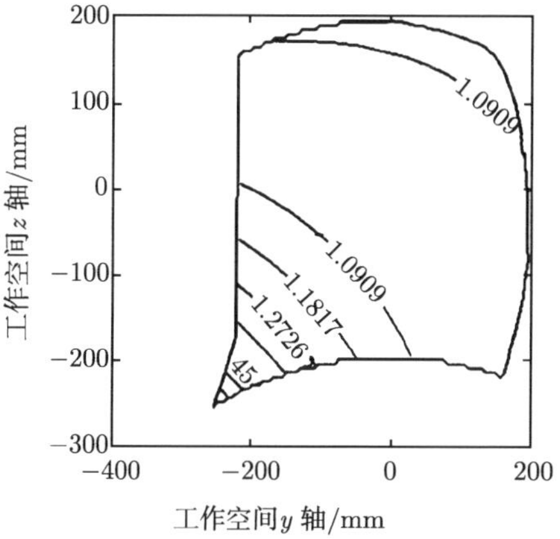

(a) η_V 在工作空间 $x = 0$mm 截面内的分布情况

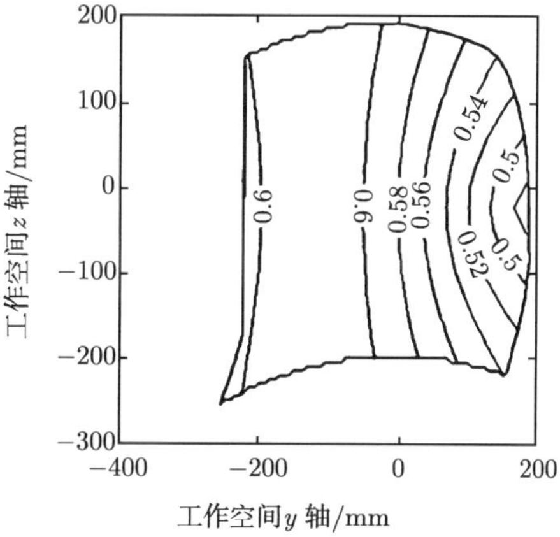

(b) η_ω 在工作空间 $x = 0$mm 截面内的分布情况

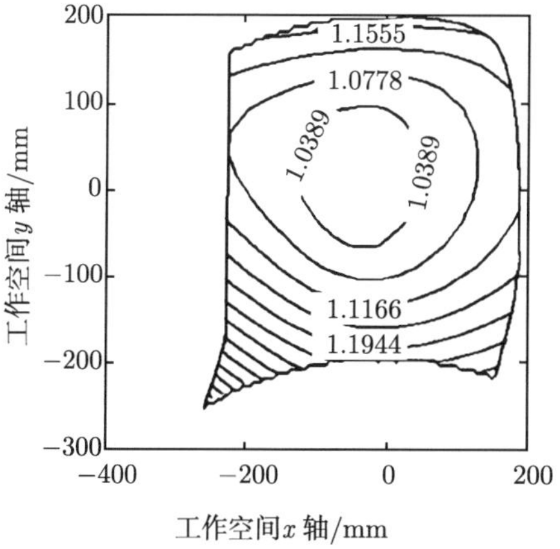

(c) η_V 在工作空间 $z = 0$mm 截面内的分布情况

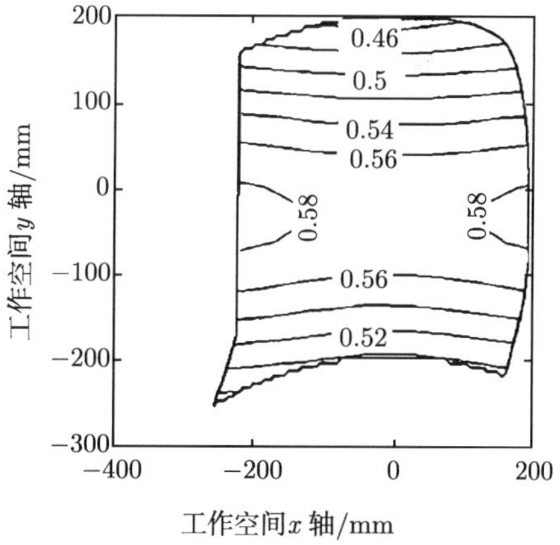

(d) η_ω 在工作空间 $z = 0$mm 截面内的分布情况

图 5.7 速度传递性能评价指标在 $\alpha=\beta=0°$ 工作空间截面内的分布情况

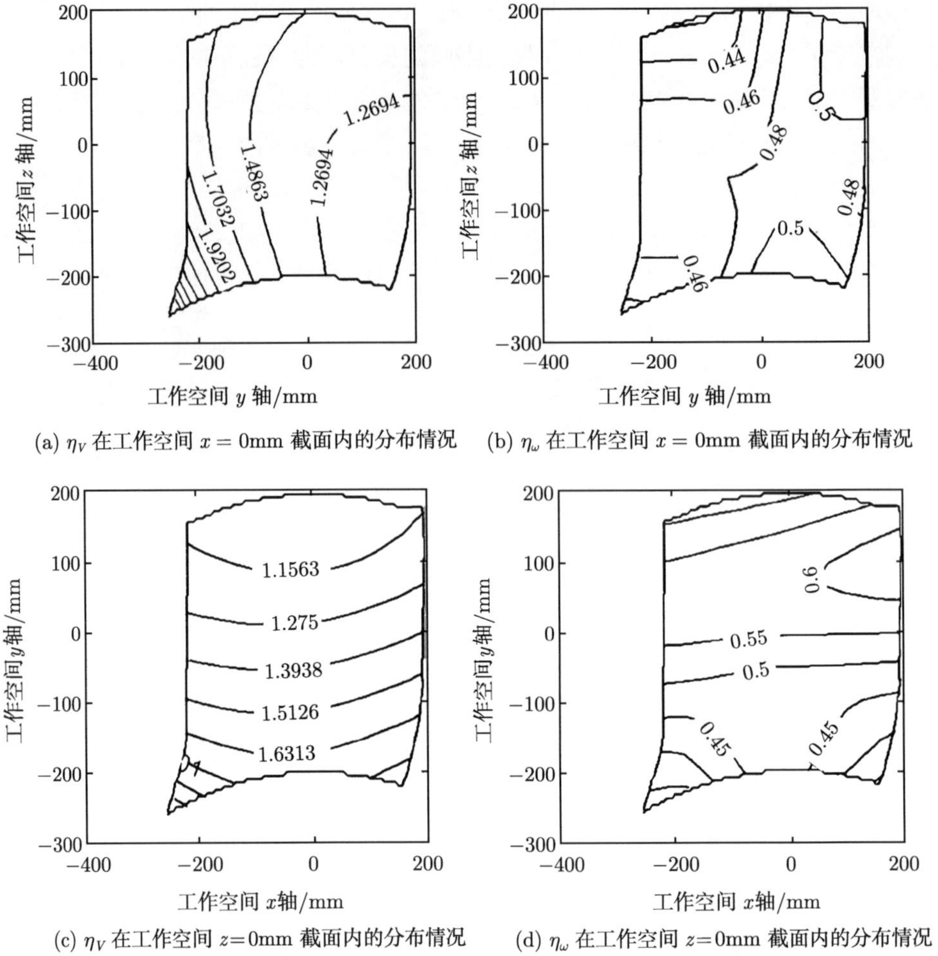

(a) η_V 在工作空间 $x=0$mm 截面内的分布情况　(b) η_ω 在工作空间 $x=0$mm 截面内的分布情况

(c) η_V 在工作空间 z=0mm 截面内的分布情况　(d) η_ω 在工作空间 z=0mm 截面内的分布情况

图 5.8　速度传递性能评价指标在 $\alpha=\beta=10^\circ$ 工作空间截面内的分布情况

5.5　静力学性能分析

5.5.1　力雅可比矩阵的求解

假设各运动构件均为刚性构件，且忽略摩擦力。设 $\boldsymbol{F}=(F_x \quad F_y \quad F_z \quad M_y \quad M_z)^{\mathrm{T}}$ 为参考点 O' 的广义输出力矢量，$\boldsymbol{f}=(f_1 \quad f_2 \quad f_3 \quad f_4 \quad f_5)^{\mathrm{T}}$ 为驱动力，$f_i(i=1,2,\cdots,5)$ 分别为沿 $P_i(i=1,2,\cdots,5)$ 方向的驱动力。利用虚功原理，可以推导出 $\boldsymbol{f}$ 与 $\boldsymbol{F}$ 之间的关系。设在外力 $\boldsymbol{F}$ 的作用下，参考点 O' 的广义虚位移为 $\delta\boldsymbol{\tau}_J$，相应的输入端的虚位移为 $\delta\boldsymbol{p}_J$ (虚位移是满足机械系统的几何约束条件的无限小位

移)。因此，各关节驱动力 $\boldsymbol{f}$ 所做的虚功之和为

$$W_{J1}=\boldsymbol{f}\cdot\delta\boldsymbol{p}_J \tag{5.22}$$

式中，$\delta\boldsymbol{p}_J=(\delta p_{J1}\quad\delta p_{J2}\quad\delta p_{J3}\quad\delta p_{J4}\quad\delta p_{J5})$。

外力 F 所做的虚功之和为

$$W_{J2}=\boldsymbol{f}\cdot\delta\boldsymbol{\tau}_J \tag{5.23}$$

式中，$\delta\boldsymbol{\tau}_J=(\delta\tau_{J1}\quad\delta\tau_{J2}\quad\delta\tau_{J3}\quad\delta\tau_{J4}\quad\delta\tau_{J5})$。

由虚功原理可知，新型正交 5-DOF 并联气囊抛光机床机构在平衡的情况下，任意虚转角产生的虚功总和为零，即各关节驱动力 $\boldsymbol{f}$ 所做的虚功之和加上外力 $\boldsymbol{F}$ 所做的虚功之和等于零：

$$W_{J1}+W_{J2}=0 \tag{5.24}$$

虚位移 $\delta\boldsymbol{\tau}_J$ 和 δp_J 并非独立，两者之间的几何约束由气囊抛光机床机构速度雅可比矩阵 $\boldsymbol{J}$ 所决定，即

$$\delta\boldsymbol{\tau}_J=\boldsymbol{J}\cdot\delta\boldsymbol{p}_J \tag{5.25}$$

综合式 (5.22)~式 (5.24)，整理得

$$\boldsymbol{F}=\boldsymbol{G}\boldsymbol{f} \tag{5.26}$$

式中，$\boldsymbol{G}$ 为这种气囊抛光机床的力雅可比矩阵，$\boldsymbol{G}=(\boldsymbol{J}^{-1})^{\mathrm{T}}$。

5.5.2　静力学性能评价指标的定义及其分布

当新型正交 5-DOF 并联气囊抛光机床机构不在奇异位形时，考虑力和力矩为不同的量纲，式 (5.26) 可改写为

$$\begin{cases}\boldsymbol{F}=\boldsymbol{G}_F\boldsymbol{f}\\ \boldsymbol{M}=\boldsymbol{G}_M\boldsymbol{f}\end{cases} \tag{5.27}$$

式中，$\boldsymbol{F}=(F_x\quad F_y\quad F_z\ )^{\mathrm{T}}$；$\boldsymbol{M}=(M_y\quad M_z\ )^{\mathrm{T}}$；$\boldsymbol{G}_F$ 和 $\boldsymbol{G}_M$ 分别为力雅可比矩阵 $\boldsymbol{G}$ 的前三行和后两行。

当新型正交 5-DOF 并联气囊抛光机床不在奇异位形时，由矩阵分析理论可知，力雅可比矩阵和力矩雅可比矩阵 $\boldsymbol{G}_F$ 和 $\boldsymbol{G}_M$ 均有奇异值分解，也就是存在正交阵 $\boldsymbol{\Gamma}_F\in\mathbf{R}^{3\times2}$、$\boldsymbol{\Gamma}_M\in\mathbf{R}^{2\times2}$、$\boldsymbol{\Omega}_F\in\mathbf{R}^{5\times5}$ 和 $\boldsymbol{\Omega}_M\in\mathbf{R}^{5\times5}$ 使

$$\begin{cases}\boldsymbol{G}_F=\boldsymbol{\Gamma}_F\boldsymbol{\Lambda}_F\boldsymbol{\Omega}_F\\ \boldsymbol{G}_M=\boldsymbol{\Gamma}_M\boldsymbol{\Lambda}_M\boldsymbol{\Omega}_M\end{cases} \tag{5.28}$$

式中，$\boldsymbol{\Lambda}_F=\begin{bmatrix}\sigma_{1F} & 0 & 0 & 0 & 0 & 0\\ 0 & \sigma_{2F} & 0 & 0 & 0 & 0\\ 0 & 0 & \sigma_{3F} & 0 & 0 & 0\end{bmatrix}$；$\boldsymbol{\Lambda}_M=\begin{bmatrix}\sigma_{1M} & 0 & 0 & 0 & 0\\ 0 & \sigma_{2M} & 0 & 0 & 0\end{bmatrix}$；$\boldsymbol{\Gamma}_F=\begin{bmatrix}c_{11} & c_{12} & c_{13}\\ c_{21} & c_{21} & c_{23}\\ c_{31} & c_{32} & c_{33}\end{bmatrix}$；$\boldsymbol{\Gamma}_M=\begin{bmatrix}d_{11} & d_{12}\\ d_{21} & d_{22}\end{bmatrix}$。

σ_{1F}、σ_{2F} 和 σ_{3F} 分别为 $\boldsymbol{G}_F$ 的三个奇异值；σ_{1M} 和 σ_{2M} 分别为 $\boldsymbol{G}_M$ 的两个奇异值，且 $\sigma_{1F}\geqslant\sigma_{2F}\geqslant\sigma_{3F}$，$\sigma_{1M}\geqslant\sigma_{2M}$。当这种机构不在奇异位形时，设输入向量为单位向量，即

$$\boldsymbol{f}^{\mathrm{T}}\cdot\boldsymbol{f}=1 \tag{5.29}$$

综合式 (5.27)~式 (5.29)，可得

$$\frac{F_x'^2}{\sigma_{1F}^2}+\frac{F_y'^2}{\sigma_{2F}^2}+\frac{F_z'^2}{\sigma_{3F}^2}=1 \tag{5.30}$$

$$\frac{M_y'^2}{\sigma_{1M}^2}+\frac{M_z'^2}{\sigma_{2M}^2}=1 \tag{5.31}$$

式中，

$$F_x'=c_{11}F_y+c_{21}F_y+c_{31}F_z$$

$$F_y'=c_{12}F_y+c_{22}F_y+c_{32}F_z$$

$$F_z'=c_{13}F_y+c_{23}F_y+c_{33}F_z$$

$$M_y'=d_{11}M_y+d_{21}M_z$$

$$M_z'=d_{12}M_y+d_{22}M_z$$

式 (5.30) 和式 (5.31) 分别表示空间的一个椭球和一个椭圆，其中，F_x'、F_y' 和 F_z' 分别为关于 F_x、F_y 和 F_z 这三个变量的坐标旋转平移，M_y' 和 M_z' 分别为关于 M_y 和 M_z 这两个变量的坐标旋转平移，其轴长分别为 σ_{1F}、σ_{2F}、σ_{3F}、σ_{1M} 和 σ_{2M}，椭球和椭圆分别称为力传递椭球和力矩传递椭圆，当输入力为单位向量时，输出力和输出力矩分别分布在一个椭球和一个椭圆上。由于力雅可比矩阵 $\boldsymbol{G}$ 随着动平台姿态的变化而变化，需要一个定量的指标来评价这种气囊抛光机床的力传递性能。定义力传递性能评价指标 K_F 和力矩传递性能评价指标 K_M：

$$
\begin{cases} K_F = \sigma_{1F} \\ K_M = \sigma_{1M} \end{cases} \tag{5.32}
$$

综合式 (5.22)~式 (5.32)，借助 MATLAB 软件，绘制线速度传递性能评价指标和角速度传递性能评价指标分别在定姿态工作空间内的分布图，如图 5.9 和图 5.10 所示。其结构几何参数如表 5.1 所示。

由图 5.9 和图 5.10 可知，力传递性能评价指标 K_F 和力矩传递性能评价指标 K_M 均较高，工作空间内分布稳定，表明该机床力和力矩传递性能好，机床工作稳定。

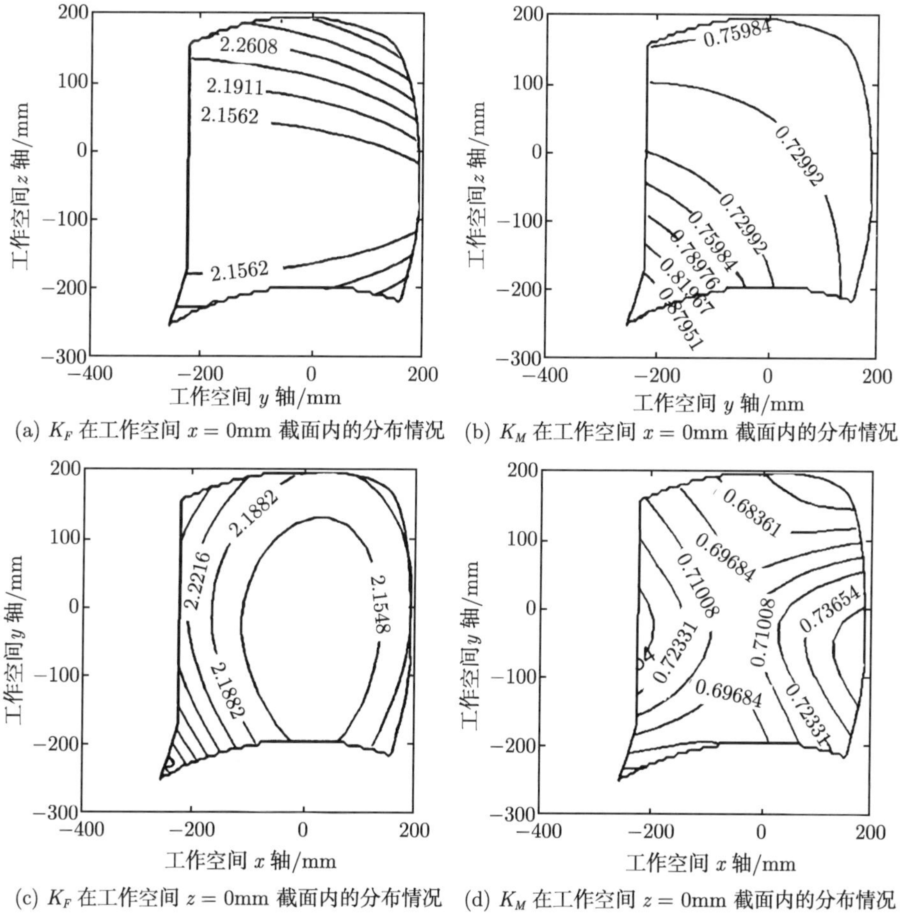

(a) K_F 在工作空间 $x = 0$mm 截面内的分布情况　(b) K_M 在工作空间 $x = 0$mm 截面内的分布情况

(c) K_F 在工作空间 $z = 0$mm 截面内的分布情况　(d) K_M 在工作空间 $z = 0$mm 截面内的分布情况

图 5.9　力传递性能评价指标在 $\alpha=\beta=0^\circ$ 工作空间截面内的分布情况

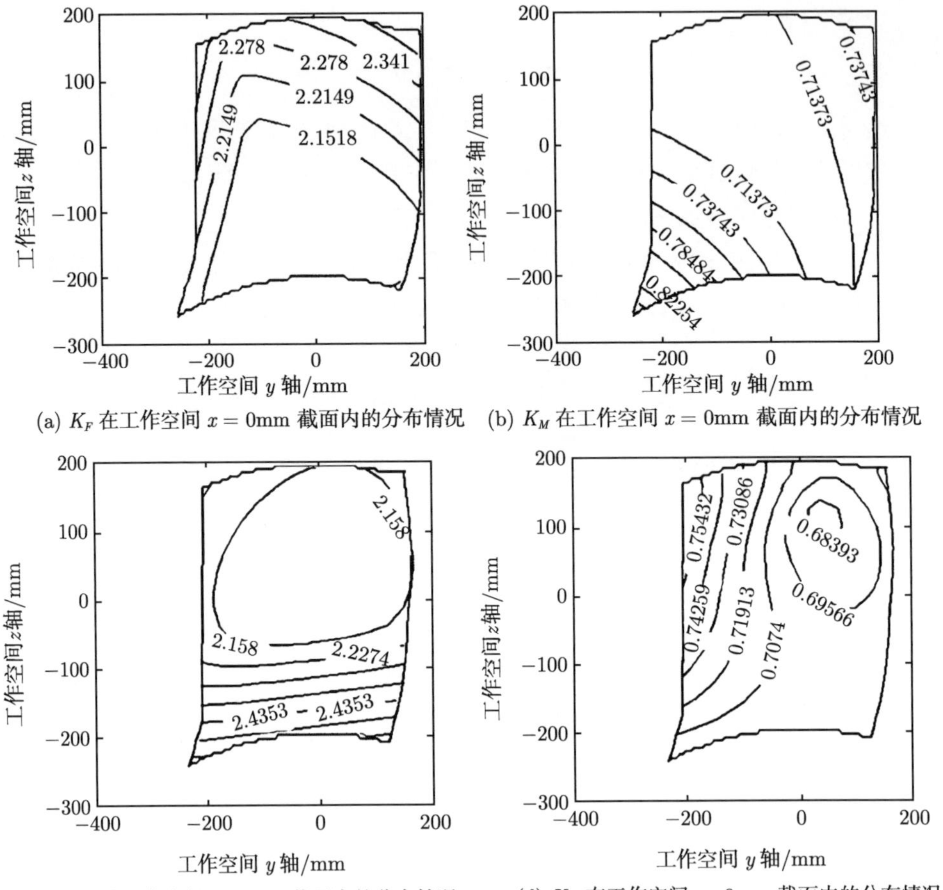

(a) K_F 在工作空间 $x=0$mm 截面内的分布情况　(b) K_M 在工作空间 $x=0$mm 截面内的分布情况

(c) K_F 在工作空间 $z=0$mm 截面内的分布情况　(d) K_M 在工作空间 $z=0$mm 截面内的分布情况

图 5.10　力传递性能评价指标在 $\alpha=\beta=10°$ 工作空间内的分布情况

5.6　本 章 小 结

根据并联机床的结构特点，本章提出了一种新型的并联机床机构，并对其进行性能分析，主要内容如下。

(1) 对五自由度并联机床进行自由度的计算以及并联机床的工艺性分析。求得该并联机床位置反解的表达式，应用数值算法推出并联机床的正解表达式。给出并联机床的数值算例，验证并联机床正反解的正确性，从而为并联机床的工作空间分析奠定了基础。

(2) 结合并联机床的位置正反解，考虑到对并联机床工作空间的影响约束条件，运用 MATLAB 软件绘制并联机床的姿态工作空间轮廓图。通过姿态工作空间可知，该并联机床的工作空间较大且连续，能够满足并联机床的基本需求。最后直观地给出了各结构参数对工作空间的大小的影响情况。这种并联机床的仿真结果适合于并联机床的运动需求，为该并联机床各项性能的研究奠定了理论基础。

(3) 分析了新型正交 5-DOF 并联气囊抛光机床的运动特性，基于机床位置反解推导出速度雅可比矩阵，定义运动学性能评价指标，并绘制运动学性能评价指标在工作空间内的分布图，得出该并联机床在工作空间内运动传递性能好，工作稳定。通过对新型正交 5-DOF 并联气囊抛光机床的运动学性能分析，为其驱动器选择、设计和控制奠定了理论基础。

(4) 根据虚功原理建立静力平衡方程，推导出并联机床的力雅可比矩阵和力矩雅可比矩阵，分布定义各自的性能评价指标，并绘制两者指标在工作空间内的分布规律。从仿真结果可以看出，在初始姿态附近运动时，力矩传递性能较好且稳定。

参 考 文 献

[1] Walker D D, Freeman R, Morton R, et al. Use of the precessions process for prepolishing and correcting 2D & 2(1/2)D form[J]. Optics Express, 2006, 14(24): 11787-11795.

[2] Walker D, Evans R, Freeman R, et al. The precessions polishing and hybrid grolishing process-implementation in a novel 1.2m capacity machine tool[J]. Proceedings to the Laser Metrology and Machine Performance, 2007, 7: 99-108.

[3] Kim S W, Walker D, Brooks D. Active profiling and polishing for efficient control of material removal from large precision surfaces with moderate asphericity[J]. Mechatronics, 2003, 13(4): 295-312.

[4] Tsai M J, Huang J F, Kao W L. Robotic polishing of precision molds with uniform material removal control[J]. International Journal of Machine Tools & Manufacture, 2009, 49(11): 885-895.

[5] 高波. 气囊抛光实验样机研制及其关键技术研究[D]. 哈尔滨: 哈尔滨工业大学, 2005.

[6] 宋剑锋, 姚英学, 谢大纲, 等. 超精密气囊工具抛光方法的研究[J]. 华中科技大学学报 (自然科学版), 2007, 35(s1): 113-116.

[7] 余顺周, 姚英学, 高波, 等. 气囊式抛光机数控系统的研究与开发[J]. 机床与液压, 2007, 35(5): 17-20.

[8] 高波, 姚英学, 谢大纲, 等. 气囊抛光进动机构的运动建模与仿真[J]. 机械工程学报, 2006, 42(2): 101-104.

[9] 龚金成, 谢大纲, 宋剑锋, 等. 气囊抛光曲面光学零件工艺参数对抛光区特征影响的研究[J]. 燕山大学学报, 2008, 32(3): 197-200.

[10] 高波, 谢大纲, 姚英学, 等. 气囊式工具抛光新技术[J]. 光学技术, 2004, 30(3): 333-336.
[11] 陈智利, 杭凌侠, 张峰. 一种新的气囊式抛光方法的研究[J]. 光电工程, 2006, 33(10): 121-124.
[12] 刘妍. 气囊式抛光原理分析及工艺实验研究[D]. 哈尔滨: 哈尔滨工业大学, 2004.
[13] Jin M S, Ji S M, Zhang L, et al. Effect of free abrasive particle in gasbag polishing technique[J]. Advanced Materials Research, 2009, (69/70): 83-87.
[14] 计时鸣, 金明生, 张宪, 等. 应用于模具自由曲面的新型气囊抛光技术[J]. 机械工程学报, 2007, 43(8): 2-6.
[15] Ji S M, Shen Y Q, Zhang L, et al. Research of the dynamic abrasive particles field[J]. Key Engineering Materials, 2009, (407/408): 569-572.
[16] Ji S M, Zhang X, Zhang L, et al. Form and texture control of free-form surface polishing[J]. Key Engineering Materials, 2006, (304/305): 113-117.
[17] Ji S M, Jin M S, Zhang L, et al. Magnetorheological flexible gasbag polishing technique[J]. Key Engineering Materials, 2009, 416: 583-587.
[18] 金明生. 模具自由曲面气囊抛光机理及工艺研究[D]. 杭州: 浙江工业大学, 2009.
[19] 孙立宁, 马立, 荣伟彬, 等. 一种纳米级二维微定位工作台的设计与分析[J]. 光学精密工程, 2006, 14(3): 406-411.
[20] Warnecke H J, Neugebauer R, Wieland F. Development of hexapod based machine tool[J]. CIRP Annals-Manufacturing Technology, 1998, 47(1): 337-340.
[21] 赵永生, 郑魁敬, 李秦川, 等. 5-UPS/PRPU 5 自由度并联机床运动学分析[J]. 机械工程学报, 2004, 40(2): 12-16.
[22] 田小静, 郑魁敬, 赵永生. 5-UPS/PRPU 并联机床工作空间分析[J]. 光学精密工程, 2005, 13(z1): 109-113.
[23] 李研彪, 计时鸣, 文东辉, 等. 五自由度并联机床: 中国, 200810162510.3[P].2008.
[24] 黄真, 赵永生, 赵铁石. 高等空间机构学[M]. 北京: 高等教育出版社, 2014.
[25] 迟雅敬. 最优化同伦算法研究[D]. 长春: 吉林大学, 1998.
[26] 梁崇高, 荣辉. 一种 Stewart 平台型机械手位移正解[J]. 机械工程学报, 1991, 27(2): 26-30.
[27] 董彦良, 吴盛林. 一种实用的 6-6 Stewart 平台的实时位置正解法[J]. 哈尔滨工业大学学报, 2002, 34(1): 116-119.

第 6 章　新型正交 5-DOF 并联气囊抛光机床的方案设计

少自由度并联机器人 [1-5] 应用广泛，受到国内外学者的重视。少自由度机器人性能的优劣与其结构参数设计是否合理息息相关，研究少自由度机器人结构参数与其性能指标之间的关系 [6-10]，对实现少自由度机器人结构参数的合理设计有着重要的意义。

本章应用基于性能图谱的概率参数设计方法 [11-14]，选取新型正交 5-DOF 并联气囊抛光机床 [15,16] 的结构参数，同时考虑其加工与装配的工艺性，给出了新型正交 5-DOF 并联气囊抛光机床的设计方案。

6.1　新型正交 5-DOF 并联气囊抛光机床的空间模型及全域性能指标

6.1.1　新型正交 5-DOF 并联气囊抛光机床的空间模型

空间模型技术把新型正交 5-DOF 并联气囊抛光机床的结构参数无量纲化，用有限的空间图形表示机构所有可能的尺寸组合，并在有限的空间图形中研究结构尺寸参数与其性能的关系。该机床主要有五个结构参数：a、b、c、d 和 e。为了建立这种机床的空间模型，令 d 和 e 为定值，则

$$L''' = (a + b + c)/3 \tag{6.1}$$

从而得到无量纲杆件尺寸：$r_1'''=a/L'''$，$r_2'''=b/L'''$，$r_3'''=c/L'''$。由式 (6.1) 可得

$$r_1''' + r_2''' + r_3''' = 3 \tag{6.2}$$

考虑机床的结构与装配的工艺性，设参数 r_1'''、r_2''' 和 r_3''' 的取值范围满足

$$\begin{cases} {r_1}''' \leqslant {r_2}''' \leqslant 3 \\ {r_3}''' \leqslant 3 \end{cases} \tag{6.3}$$

分别以 r_1'''、r_2''' 和 r_3''' 为直角坐标轴，由式 (6.1)~式 (6.3) 建立机床的几何空间模型 $\triangle H'''K'''R'''$，如图 6.1 所示。图中，阴影面积为所有可能的结构尺寸参数的组

合，为了方便起见，用 x-y 坐标来代替空间模型平面图的无量纲坐标，其转换关系分别为

$$\begin{cases} x = (2{r_2}''' + {r_3}''')/\sqrt{3} \\ y = {r_3}''' \end{cases} \tag{6.4}$$

因此，机床的几何空间模型转化到 x-y 平面内，如图 6.2 所示。

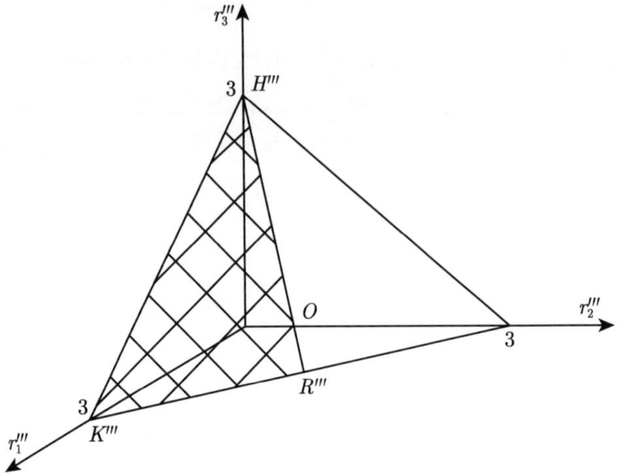

图 6.1　新型正交 5-DOF 并联气囊抛光机床的几何空间模型

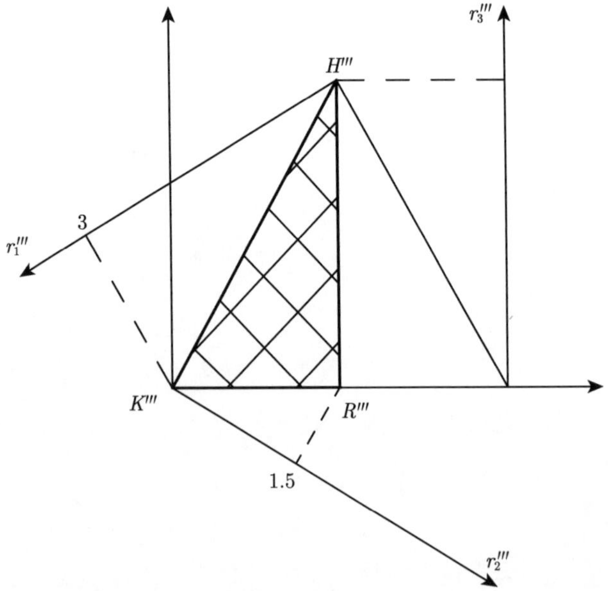

图 6.2　新型正交 5-DOF 并联气囊抛光机床转化后的几何空间模型

6.1.2　新型正交 5-DOF 并联气囊抛光机床的全域运动学性能指标

新型正交 5-DOF 并联气囊抛光机床的线速度传递性能评价指标为 $\eta_V=\sigma_{1V}$，角速度传递性能评价指标为 $\eta_\omega=\sigma_{1\omega}$。由于雅可比矩阵 $\boldsymbol{J}$ 随动平台参考点位姿的变化而变化，所以在新型正交 5-DOF 并联气囊抛光机床的工作空间内，速度传递性能评价指标在不同的位姿，其值也不同。为此，定义 η_V 和 η_ω 为新型正交 5-DOF 并联气囊抛光机床工作空间内的平均值。

全域线速度传递性能评价指标 $H(\boldsymbol{J}_V)$ 和全域角速度传递性能评价指标 $H(\boldsymbol{J}_\omega)$ 分别为

$$H\left(\boldsymbol{J}_V\right)=\frac{\int_{S'}\eta_V\mathrm{d}S'}{\int_{S'}\mathrm{d}S'} \tag{6.5}$$

$$H\left(\boldsymbol{J}_\omega\right)=\frac{\int_{S'}\eta_\omega\mathrm{d}S'}{\int_{S'}\mathrm{d}S'} \tag{6.6}$$

式中，S' 为新型正交 5-DOF 并联气囊抛光机床的工作空间。

6.1.3　新型正交 5-DOF 并联气囊抛光机床的全域力学性能指标

新型正交 5-DOF 并联气囊抛光机床的力传递性能评价指标为 $K_F=\sigma_{1F}$，力矩传递性能评价指标 $K_M=\sigma_{1M}$。由于雅可比矩阵 $\boldsymbol{J}$ 随动平台参考点位姿的变化而变化，所以在新型正交 5-DOF 并联气囊抛光机床的工作空间内，力和力矩传递性能评价指标在不同位姿时的值也不同。为此，定义 K_F 和 K_M 分别在新型正交 5-DOF 并联气囊抛光机床工作空间内的平均值。

全域力传递性能评价指标 $H(\boldsymbol{J}_F)$ 为

$$H\left(\boldsymbol{J}_F\right)=\frac{\int_{S'}K_F\mathrm{d}S'}{\int_{S'}\mathrm{d}S'} \tag{6.7}$$

全域力矩传递性能评价指标 $H(\boldsymbol{J}_M)$ 为

$$H\left(\boldsymbol{J}_M\right)=\frac{\int_{S'}K_M\mathrm{d}S'}{\int_{S'}\mathrm{d}S'} \tag{6.8}$$

式中，S' 为新型正交 5-DOF 并联气囊抛光机床的工作空间。

6.1.4　新型正交 5-DOF 并联气囊抛光机床的全域性能图谱

由式 (6.1)~式 (6.8)，借助 MATLAB 软件，绘制新型正交 5-DOF 并联气囊抛光机床的全域线速度传递性能评价指标、全域角速度传递性能评价指标、全域力传递性能评价指标和全域力矩传递性能评价指标在新型正交 5-DOF 并联气囊抛光机床几何空间模型内的性能图谱，如图 6.3 和图 6.4 所示。图 6.3 为新型正交 5-DOF 并联气囊抛光机床的全域速度传递性能图谱；图 6.4 为新型正交 5-DOF 并联气囊抛光

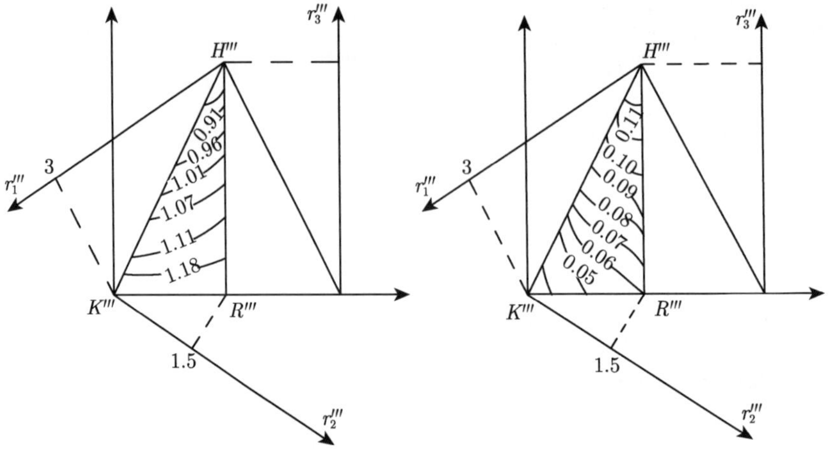

(a) $H(\boldsymbol{J}_V)$图谱　　(b) $H(\boldsymbol{J}_\omega)$图谱

图 6.3　全域速度传递性能图谱 (d=200mm，e =200mm)

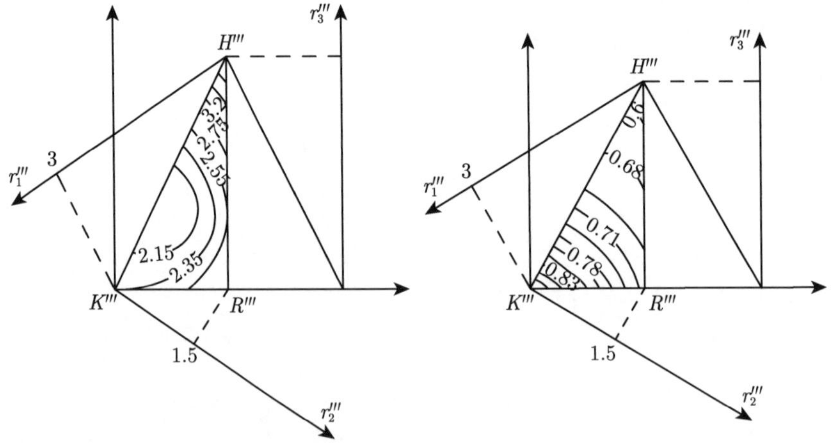

(a) $H(\boldsymbol{J}_F)$图谱　　(b) $H(\boldsymbol{J}_M)$图谱

图 6.4　全域力传递性能图谱 (d=200mm，e =200mm)

机床的全域力传递性能图谱。因此，可以找到新型正交 5-DOF 并联气囊抛光机床的各主要结构参数分别对各性能指标的影响情况，为新型正交 5-DOF 并联气囊抛光机床结构参数的优化奠定了理论基础。

6.2　新型正交 5-DOF 并联气囊抛光机床的三维建模

6.2.1　新型正交 5-DOF 并联气囊抛光机床结构参数的选择

由图 6.3 和图 6.4 可知，性能指标 $H(\boldsymbol{J}_V)$、$H(\boldsymbol{J}_\omega)$、$H(\boldsymbol{J}_F)$ 和 $H(\boldsymbol{J}_M)$ 的最大值和最小值分别为 1.2123m/s、0.1341rad/s、4.0381N、0.9671N·m 和 0.7235m/s、0.03892rad/s、0.9138N、0.1232N·m。考虑新型正交 5-DOF 并联气囊抛光机床的结构特点，设各结构参数的取值范围为：0mm$\leqslant a \leqslant$1000mm，0mm$\leqslant b \leqslant$1000mm，0mm$\leqslant c \leqslant$1000mm，0mm$\leqslant d \leqslant$1000mm，0mm$\leqslant e \leqslant$1000mm。

结合实际应用背景，以各性能指标的中间值为设计目标，即 $H(\boldsymbol{J}_V)=$ 1.0123m/s、$H(\boldsymbol{J}_\omega)=$ 0.1027rad/s、$H(\boldsymbol{J}_F)=$ 2.4760N、$H(\boldsymbol{J}_M)=$ 0.5452N·m，当 $H(\boldsymbol{J}_V)\geqslant$ 1.0123m/s、$H(\boldsymbol{J}_\omega)\geqslant$0.1027rad/s、$H(\boldsymbol{J}_F)\geqslant$2.4760N、$H(\boldsymbol{J}_M)\geqslant$0.5452N·m 时，各性能评价指标较好，在各设计参数的取值范围内按均匀分布进行抽样。在满足设计目标的情况下，统计各参数抽样值的分布规律，绘制频率直方图，如图 6.5 所示，$f(a)$、$f(b)$、$f(c)$、$f(d)$ 和 $f(e)$ 分别表示达到设计目标值的概率。

由图 6.5 可知，新型正交 5-DOF 并联气囊抛光机床的主要结构参数分别取 a=200mm、b=200mm、c=800mm、d=50dmm、e=150mm 时，$f(a)$、$f(b)$、$f(c)$、$f(d)$ 和 $f(e)$ 值的概率较高，$H(\boldsymbol{J}_V)=$ 1.7108m/s、$H(\boldsymbol{J}_\omega)=$ 0.1731rad/s、$H(\boldsymbol{J}_F)=$ 3.0121N、$H(\boldsymbol{J}_M)=$ 0.8017N·m。

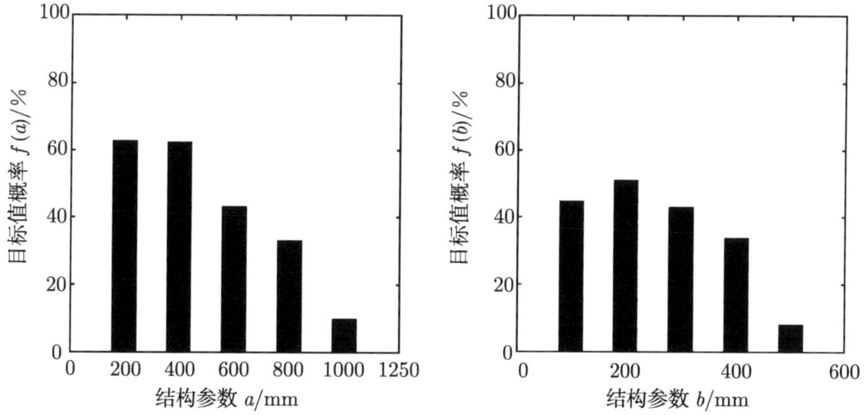

(a)　　　　(b)

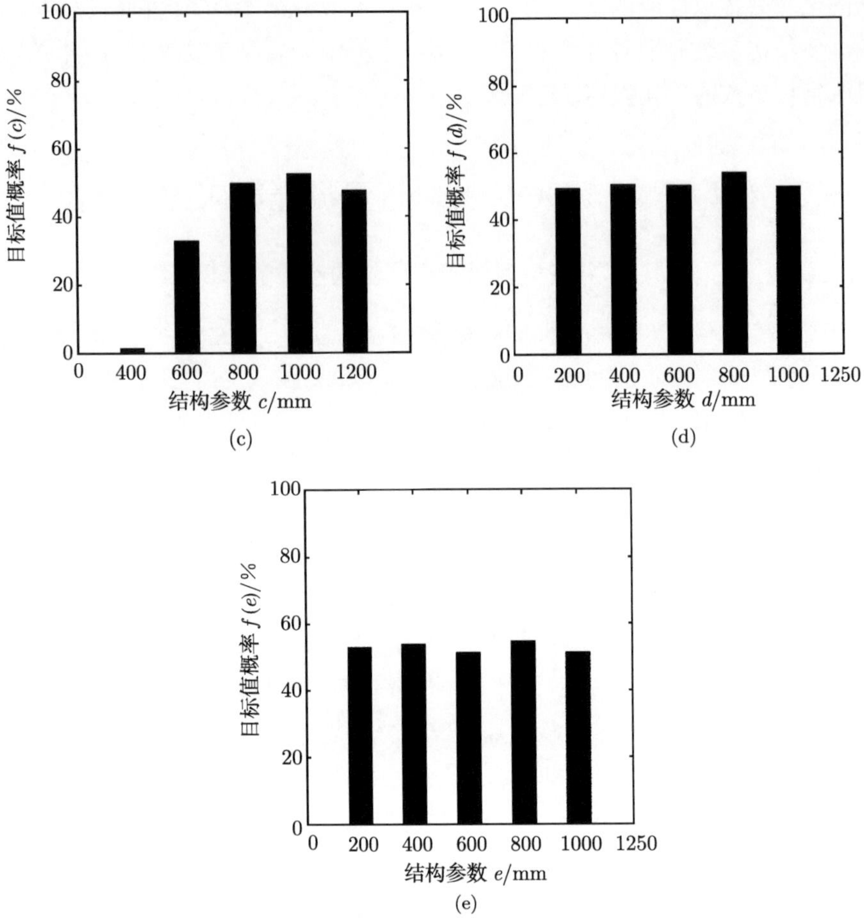

图 6.5　新型正交 5-DOF 并联气囊抛光机床的参数设计直方图

6.2.2　新型正交 5-DOF 并联气囊抛光机床的方案设计

基于 6.2.1 节的参数优化结果，同时考虑其加工与装配的工艺性，本节给出了新型正交 5-DOF 并联气囊抛光机床的一种设计方案，如图 6.6 所示。

新型正交 5-DOF 并联气囊抛光机床采用正交的布局形式，其各运动支链分布在三个相互垂直的安装面上，便于安装调试和装配位置检测，约束支链垂直于工作台的上表面，约束工作台的自转，约束支链的其他方向运动为随动，各电机置于基座上，减小了可动构件的质量，便于新型正交 5-DOF 并联气囊抛光机床的运动控制。

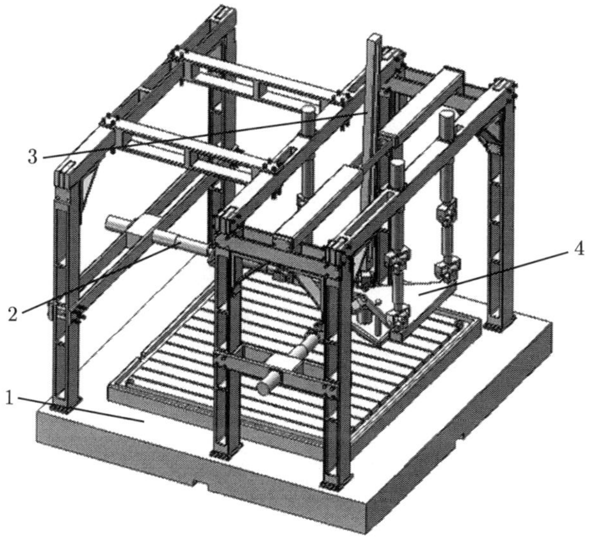

图 6.6　新型正交 5-DOF 并联气囊抛光机床

1. 基座；2. 运动支链；3. 约束支链；4. 工作台

6.3 本 章 小 结

本章主要对新型正交 5-DOF 并联气囊抛光机床进行结构参数优化，且选取一组最合理的结构尺寸参数进行方案设计，主要内容如下。

(1) 分别定义了全域运动学性能评价指标和全域力学性能评价指标。

(2) 绘制了各结构参数与该并联机床全域性能评价指标之间的关系影响图。

(3) 考虑到新型正交 5-DOF 并联机床的加工与装配工艺性，基于选取的结构参数，给出了一种合理的设计方案，为其应用奠定了理论基础。

参 考 文 献

[1] 孙立宁, 马立, 荣伟彬, 等. 一种纳米级二维微定位工作台的设计与分析[J]. 光学精密工程, 2006, 14(3): 406-411.

[2] 金振水, 余跃庆. 三维平动球平台机器人的位置与工作空间分析[J]. 中国机械工程, 2006, 17(6): 574-577.

[3] 李研彪, 计时鸣, 文东辉, 等. 五自由度并联机床: 中国, 200810162510.3[P]. 2008.

[4] 田延岭, 张大卫, 闰兵. 二自由度微定位平台的研制[J]. 光学精密工程, 2006, 14(1): 94-99.

[5] 楚中毅, 崔晶, 孙立宁, 等. 双重驱动 2-DOF 平面并联机器人系统的研究[J]. 光学精密工程, 2006, 14(3): 456-462.

[6] 赵永生, 郑魁敬, 李秦川, 等. 5-UPS/PRPU 5 自由度并联机床运动学分析[J]. 机械工程学报, 2004, 40(2): 12-16.

[7] 田小静, 郑魁敬, 赵永生. 5-UPS/PRPU 并联机床工作空间分析[J]. 光学精密工程, 2005, 13(z1): 109-113.

[8] 吴孟丽, 张大卫, 赵兴玉. 一种新型非对称并联机构的运动学分析[J]. 中国机械工程, 2008, 19(12): 1423-1428.

[9] Wang J F, Xin H. Performance analysis and kinematic design of pure translational parallel mechanism with vertical guide-ways[J]. Chinese Journal of Mechanical Engineering, 2006, 19(2): 300-306.

[10] Warnecke H J, Neugebauer R, Wieland F. Development of hexapod based machine tool[J]. CIRP Annals-Manufacturing Technology, 1998, 47(1): 337-340.

[11] 黄真, 李秦川. 少自由度并联机器人机构的型综合原理[J]. 中国科学, 2003, 33(9): 813-819.

[12] 刘海涛, 黄田. 少自由度机器人机构一体化建模理论、方法及工程应用[J]. 机械工程学报, 2012, (18): 54.

[13] 黄勇刚, 黄茂林, 向成宣, 等. 无过约束少自由度并联机器人构型设计方法[J]. 中国机械工程, 2009, 20(2): 222-228.

[14] 马洪波, 陈建军, 高伟, 等. 随机杆系结构的概率优化设计[J]. 机械强度, 2003, 25(3): 325-329.

[15] 计时鸣, 金明生, 张宪, 等. 应用于模具自由曲面的新型气囊抛光技术[J]. 机械工程学报, 2007, 43(8): 2-6.

[16] 李研彪, 计时鸣, 谭大鹏, 等. 基于空间模型技术的新型正交 5-DOF 并联机床的运动学传递性能分析[J]. 应用基础与工程科学学报, 2011, 19(4): 627-634.

第 7 章　球面 5R 并联机构

并联机构具有刚度大、惯性小和高精度等特点 [1]，在工业领域已经占有相当重要的地位，如并联机床、力传感器、飞行模拟器和仿生领域等 [2-4]。球面并联机器人作为并联机构的重要分支之一，在仿生领域具有重要的实际应用。近年来有不少学者对球面 3-RRR 机构进行了深入研究 [5-8]，这类机构存在结构尺寸大、具有超静定性质、加工和装配工艺性差等问题，难以适用于仿生机器人领域。随之，球面 5R 并联机构也引起许多研究者的关注 [9-11]，但这类机构存在自由度耦合问题，机构运动中不具有二自由度特点。

7.1　球面 5R 并联机构位置分析

7.1.1　球面 5R 并联机构介绍

本章介绍的球面 5R 并联机构的结构如图 7.1 所示。该机构具有两个自由度，且结构简单。

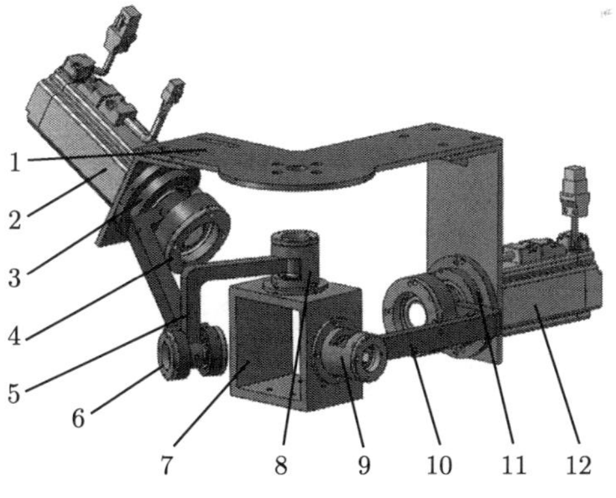

图 7.1　球面 5R 并联机构模型图

1. 定平台；2. 驱动器 1；3. 回转副 A_1；4. 连杆 A_1B_1；5. 连杆 B_1C_1；6. 回转副 B_1；7. 动平台；8. 回转副 C_1；9. 回转副 C_2；10. 连杆 A_2C_2；11. 回转副 A_2；12. 驱动器 2

由图 7.2 可知，该机构由定平台、动平台和连接两者的两条支链组成。支链 1 由连杆 A_1B_1、连杆 B_1C_1 和动平台通过回转副连接组成，其中，回转副

A_1 连接驱动器 1，固定在定平台上；支链 2 由连杆 A_2C_2 和动平台通过回转副连接而成，其中，回转副 A_2 连接驱动器 2，固定在定平台上。在回转副布局方面，OA_1、OB_1、OC_1、OA_2、OC_2 分别是五个回转副的轴线，且各轴线汇交于一点，称为机构中心，记为 O 点。轴线 OB_1 与轴线 OC_1 相交成 90°；轴线 OA_2 与轴线 OC_2 相交成 90°。动平台上的轴线 OC_1 与轴线 OC_2 相交成 90°。

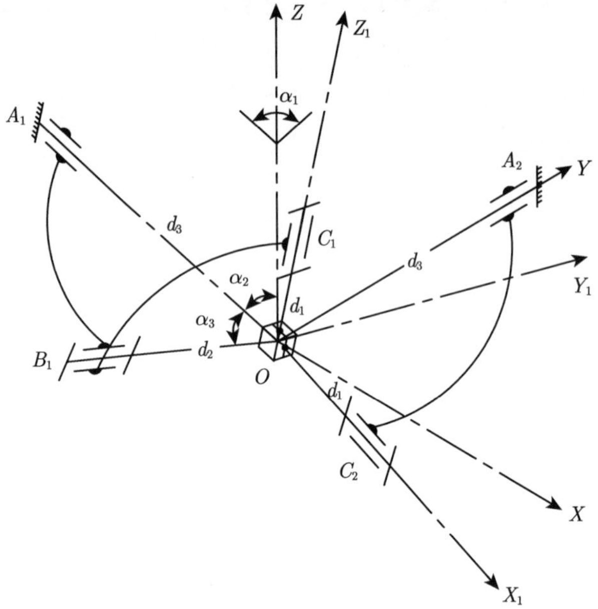

图 7.2　球面 5R 并联机构简图

建立定坐标系{P}-{O-XYZ}, 其原点与机构中心 O 重合，Z 轴与定平台所在平面垂直，方向为正上方；Y 轴与轴线 OA_2 始终重合，方向如图 7.2 所示；X 轴满足右手螺旋定则。建立动坐标系{Q}-{O-$X_1Y_1Z_1$}，其原点与机构中心 O 重合，Z_1 轴与轴线 OC_1 始终重合，X_1 轴与轴线 OC_2 始终重合，Y_1 轴满足右手螺旋定则。当定坐标系和动坐标系重合时，该机构处于初始位姿。其中，α_1 表示平面 A_1OZ 和平面 A_2OZ 所在平面的夹角，α_2 表示 Z 轴与轴线 OA_1 的夹角，α_3 表示轴线 OA_1 与轴线 OB_1 的夹角。d_1 表示回转副 C_1、C_2 与机构中心 O 点的距离，d_2 表示回转副 B_1 与机构中心 O 点的距离，d_3 表示回转副 A_1、A_2 与机构中心 O 点的距离。

7.1.2　球面 5R 并联机构位置反解

假设驱动器的输入角度为 θ_1、θ_2，动平台绕动坐标系 X_1、Y_1 轴旋转角度为

γ、β，用欧拉角 (Z-Y-X) 表示动平台的位姿，即

$$\begin{aligned}\boldsymbol{R} &= R(Y_1,\beta)\cdot R(X_1,\gamma)\\ &= \begin{bmatrix}\cos\beta & 0 & \sin\beta\\ 0 & 1 & 0\\ -\sin\beta & 0 & \cos\beta\end{bmatrix}\begin{bmatrix}1 & 0 & 0\\ 0 & \cos\gamma & -\sin\gamma\\ 0 & \sin\gamma & \cos\gamma\end{bmatrix}\\ &= \begin{bmatrix}\cos\beta & \sin\beta\sin\gamma & \sin\beta\cos\gamma\\ 0 & \cos\gamma & -\sin\gamma\\ -\sin\beta & \cos\beta\cos\gamma & \cos\beta\cos\gamma\end{bmatrix}\end{aligned} \tag{7.1}$$

进而可得

$$\boldsymbol{OC}_1 = \boldsymbol{R}\begin{pmatrix}0\\0\\1\end{pmatrix} = \begin{pmatrix}\sin\beta\cos\gamma\\ -\sin\gamma\\ \cos\beta\cos\gamma\end{pmatrix} \tag{7.2}$$

$$\boldsymbol{OC}_2 = \boldsymbol{R}\begin{pmatrix}1\\0\\0\end{pmatrix} = \begin{pmatrix}\cos\beta\\ 0\\ -\sin\beta\end{pmatrix} \tag{7.3}$$

转动副 B_1 的轴线 OB_1 在惯性坐标系$\{O\text{-}XYZ\}$中的坐标矢量为

$$\boldsymbol{OB}_1 = \boldsymbol{R}(\boldsymbol{Z},\alpha_1)\boldsymbol{R}(\boldsymbol{X},-\alpha_2)\cdot\boldsymbol{R}(\boldsymbol{Z},\theta_1)\boldsymbol{R}(\boldsymbol{X},\alpha_3)(0\quad 0\quad 1)^{\mathrm{T}} \tag{7.4}$$

转动副 C_2 的轴线 OC_2 在惯性坐标系$\{O\text{-}XYZ\}$中的坐标矢量为

$$\boldsymbol{OC}_2 = \boldsymbol{R}\left(\boldsymbol{X},-\frac{\pi}{2}\right)\boldsymbol{R}(\boldsymbol{Z},\theta_2)\cdot\boldsymbol{R}\left(\boldsymbol{X},\frac{\pi}{2}\right)(0\quad 0\quad 1)^{\mathrm{T}} \tag{7.5}$$

由球面 5R 并联机构的结构特点，可以得到如下约束关系：

$$\boldsymbol{OB}_1\cdot\boldsymbol{OC}_1 = 0 \tag{7.6}$$

$$\boldsymbol{OC}_2 = \boldsymbol{OC}_2 \tag{7.7}$$

式 (7.6) 整理后得

$$A\sin\theta_1 + B\cos\theta_1 = C \tag{7.8}$$

式中，

$$\begin{aligned}A &= \mathrm{c}_\gamma\mathrm{s}_\beta\mathrm{s}_{\alpha_3}\mathrm{c}_{\alpha_1} - \mathrm{s}_\gamma\mathrm{s}_{\alpha_3}\mathrm{s}_{\alpha_1}\\ B &= \mathrm{c}_\gamma\mathrm{s}_\beta\mathrm{s}_{\alpha_3}\mathrm{c}_{\alpha_2}\mathrm{s}_{\alpha_1} + \mathrm{s}_\gamma\mathrm{s}_{\alpha_3}\mathrm{c}_{\alpha_1}\mathrm{c}_{\alpha_2} + \mathrm{c}_\beta\mathrm{c}_\gamma\mathrm{s}_{\alpha_2}\mathrm{s}_{\alpha_3}\\ C &= \mathrm{c}_\gamma\mathrm{s}_\beta\mathrm{c}_{\alpha_3}\mathrm{s}_{\alpha_1}\mathrm{s}_{\alpha_2} + \mathrm{s}_\gamma\mathrm{c}_{\alpha_1}\mathrm{c}_{\alpha_3}\mathrm{s}_{\alpha_2} - \mathrm{c}_\beta\mathrm{c}_\gamma\mathrm{c}_{\alpha_2}\mathrm{c}_{\alpha_3}\end{aligned}$$

其中，$c_\gamma = \cos\gamma$，$s_\beta = \sin\beta$，$c_{\alpha_i} = \cos\alpha_i$，$s_{\alpha_i} = \sin\alpha_i$。

令 $\tan\dfrac{\theta_1}{2} = \eta$，$\sin\theta_1 = \dfrac{2\eta}{1+\eta^2}$，$\cos\theta_1 = \dfrac{1-\eta^2}{1+\eta^2}$，则有

$$(B+C)\eta^2 - 2A\eta + (C-B) = 0 \tag{7.9}$$

解得

$$\begin{cases} \eta_1 = \dfrac{A+\sqrt{A^2+B^2-C^2}}{B+C} \\ \eta_2 = \dfrac{A-\sqrt{A^2+B^2-C^2}}{B+C} \end{cases}$$

由式 (7.9) 可以看出，式 (7.6) 共有 2 组位置反解，如果规定式 (7.9) 中的 “±” 号来确定解模式，经过验证 “−” 号的解符合该机构的组装构型，则得到关系式：

$$\theta_1 = 2\arctan\eta_1 \tag{7.10}$$

式 (7.7) 整理后得

$$\theta_2 = \beta + \frac{\pi}{2} \tag{7.11}$$

即动平台位置反解为

$$\begin{cases} \theta_1 = 2\arctan\eta_1 \\ \theta_2 = \beta + \dfrac{\pi}{2} \end{cases}$$

7.1.3 自由度变化奇异分析

奇异是所有机构都会发生的一种不可避免的现象，而并联机构的固有奇异特性影响着并联机构的设计、分析和控制。因此，分析机构的奇异位形与结构参数之间的关系，对机构的应用具有重要作用。本节仅从自由度变化奇异方面介绍球面 5R 并联机构的奇异位形。自由度变化奇异是由机构在一定的几何条件和一定输入下的机构奇异。当采用欧拉角 (Z-Y-X) 描述机构位姿时，若中间的旋转轴平行于第一个或第三个旋转轴，就会发生自由度变化现象。因此，可在位姿矩阵和位置反解的基础上，研究由结构参数引起的该机构的自由度变化奇异。

通过分析动平台位置反解式 (7.10)，发现在机构处于自由度变化奇异位形时，式 (7.10) 得到唯一解，同时该机构的自由度变化奇异位形与角度结构参数有关。表 7.1 所示为算例的结构参数，图 7.3 表示该机构的奇异机构位形简图。

表 7.1 算例的结构参数

算例	$\alpha_1/(°)$	$\alpha_2/(°)$	$\alpha_3/(°)$	d_1/mm	d_2/mm	d_3/mm
算例 1	90	90	90	50	100	200
算例 2	90	60	70	50	100	200

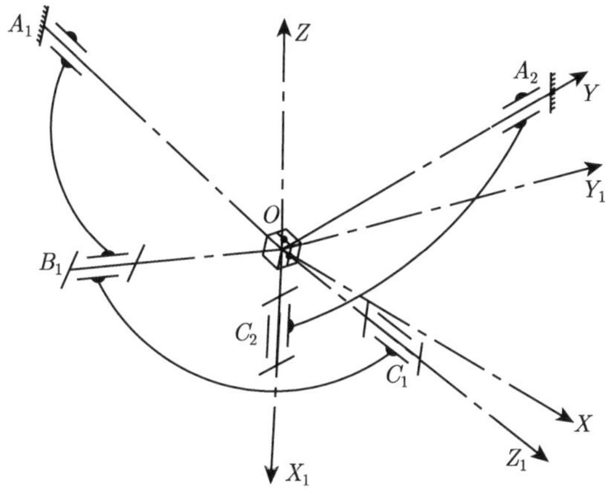

(a) 奇异位形 1

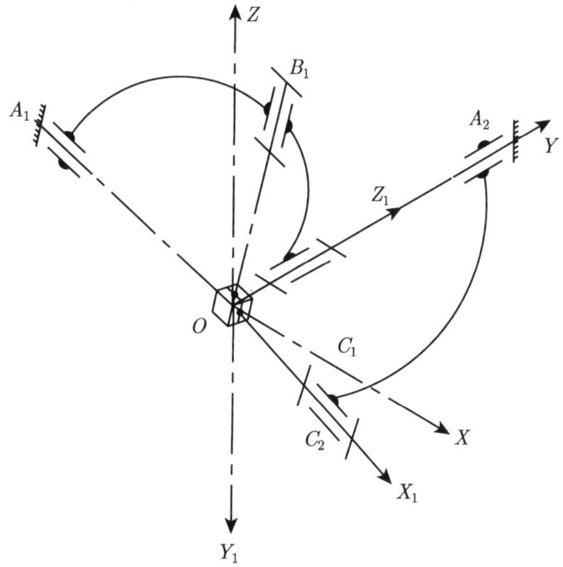

(b) 奇异位形 2

图 7.3　奇异位形

将表 7.1 中的数据代入式 (7.10)，在 MATLAB 软件中进行仿真，得到驱动器 1 旋转角度 θ_1 与动平台姿态角度 β 的关系，如图 7.4 和图 7.5 所示。

由图 7.4 可知，当动平台绕 Y_1 轴旋转角度 β 至奇异位形时，驱动器 1 旋转角度 θ_1 为恒值，θ_1 不随 γ 的变化而变化，说明此时机构丢失了绕 X_1 轴旋转这一自由度。这是因为此时动平台 Z_1 轴与轴线 OA_1、OB_1 重合，机构不能绕 X_1 轴旋转，却可以绕 Z_1 轴旋转，如图 7.3(a) 所示，此时，奇异位形与结构参数有关。由图 7.5

可知，当动平台绕 X_1 轴旋转 $\gamma=\pm 90^\circ$ 时，驱动器 1 旋转角度 θ_1 为恒值，θ_1 不随 β 变化而变化，说明此时机构丢失了绕 Y_1 轴旋转这一自由度。这是因为此时动平台 Z_1 轴与静平台 Y 轴重合，机构不能绕 Y_1 轴旋转，却可以绕 Z_1 轴旋转，如图 7.3(b) 所示，此时奇异位形与结构参数无关。

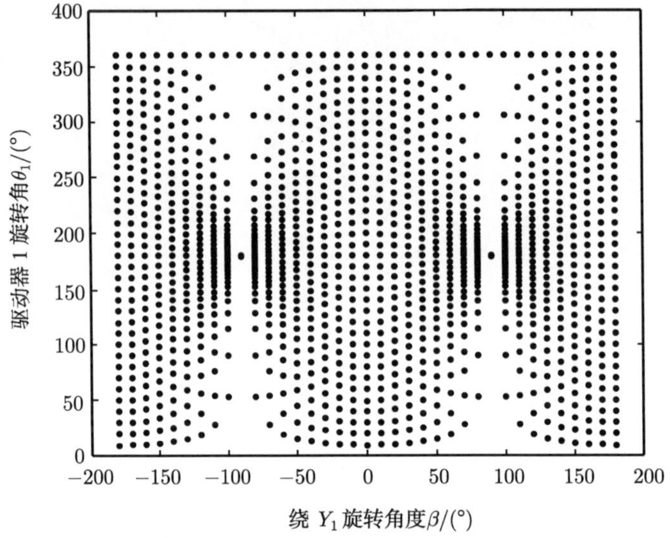

(a) 算例 1

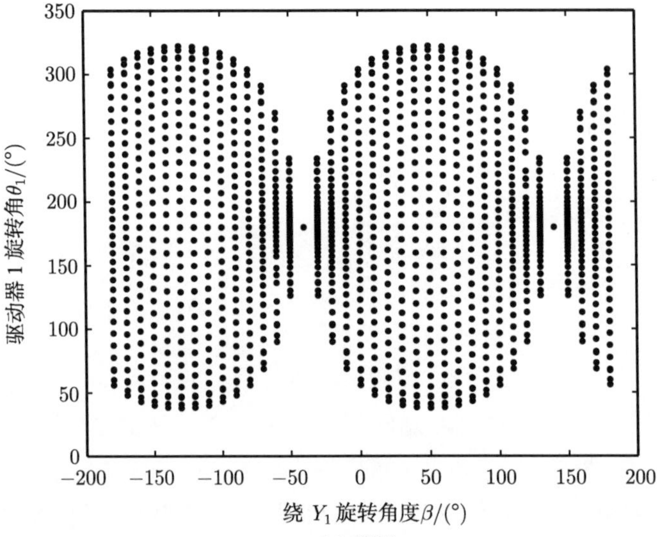

(b) 算例 2

图 7.4　θ_1 与 β 的关系

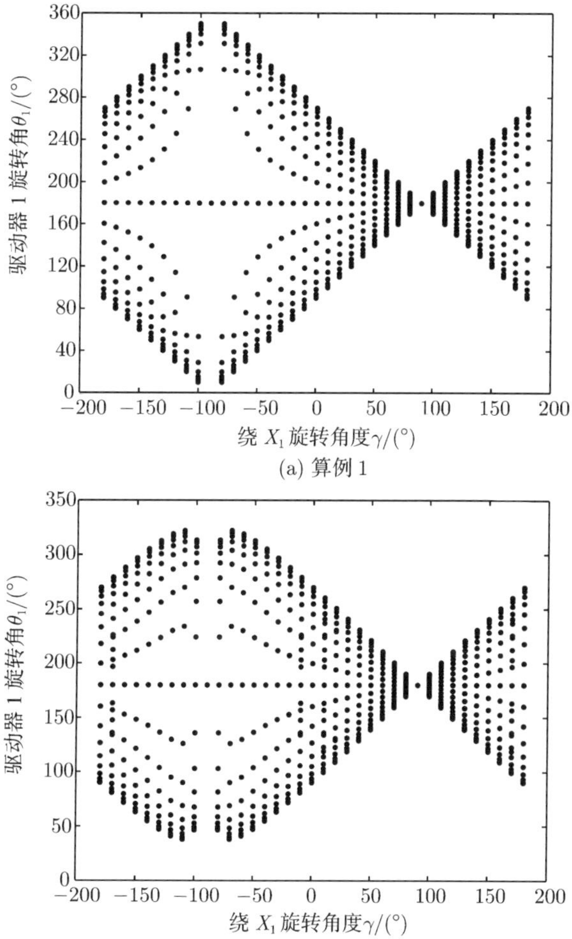

(a) 算例 1

(b) 算例 2

图 7.5　θ_1 与 γ 的关系

7.2　球面 5R 并联机构工作空间分析

7.2.1　工作空间分析

并联机构的工作空间求解方法包括解析法和数值法。解析法求解工作空间精度高，但过程非常复杂，依赖机构位置解的研究成果，至今仍没有完善的方法 [12,13]。数值法通常利用运动学逆解，并考虑机构的结构参数和运动学限制，搜索得到工作空间 [12]，该方法比较简单，适用性较好，但求解精度不高，主要采用极坐标搜索方式，精度主要取决于搜索步长 [14,15]。

由 7.1 节可知，球面 5R 并联机构存在动平台绕动坐标系 X_1、Y_1 轴旋转的两个自由度。针对这种运动学特点，研究该机构的姿态工作空间。

建立球面 5R 并联机构的三维模型，如图 7.1 所示，其结构参数见表 7.1 的“算例 1”部分。第一类边界条件为关节转角的限制，转动副 A_1、B_1、C_1、A_2、C_2 各自存在转角限制，$\theta_{\min} \leqslant \theta \leqslant \theta_{\max}$。第二类边界条件为各构件的干涉，根据机构特点，连杆 B_1C_1、A_2C_2 两杆中心线之间的最短距离满足 $D \geqslant D_{\min}$；各转动副不发生干涉的条件为 $d_3 - d_2 \geqslant 50\text{mm}$ 和 $d_2 \geqslant d_1$。第三类边界条件为动平台与静平台的干涉，考虑到此机构将作为肩关节，动平台将链接大臂样机，因此，动坐标系 Z_1 轴负方向不能与静平台基座发生干涉。

采用极坐标迭代搜索法，其原理如图 7.6 所示。按表 7.1 中“算例 1”所示的结构参数，该机构的工作空间仿真结果如图 7.7 所示。

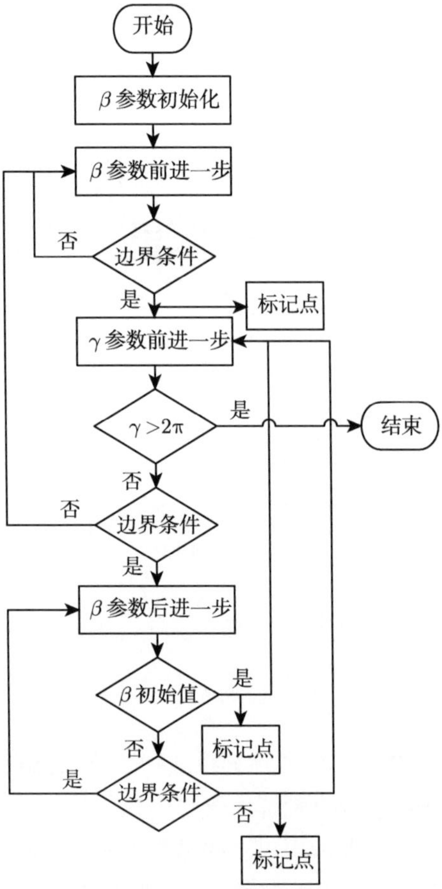

图 7.6　搜索原理

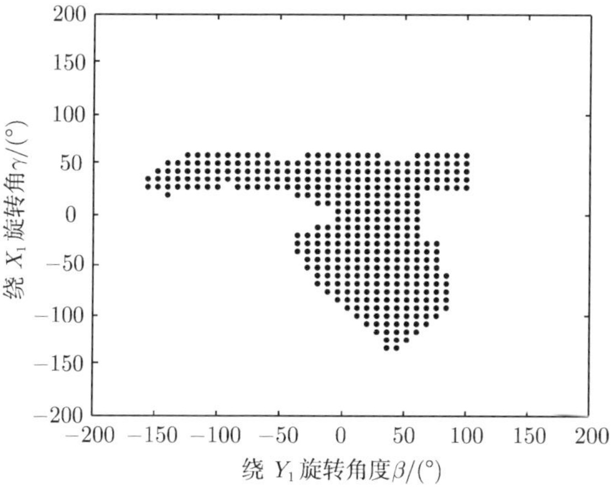

图 7.7　仿真结果

7.2.2　结构参数优化

在结构参数优化方面，空间模型技术可以研究结构参数与性能指标之间的关系，但多数研究三个结构参数 [16,17]。遗传基因算法非常耗时，且收敛性不确定。因此，对于多个结构参数与各性能指标之间的关系，需进一步深入研究。

把在每一组结构参数下以一定步长搜索得到的点数多少作为工作空间的大小 (WSV)，则该组结构参数下工作空间大小的相对值 (WSRV) 可以定义为

$$\mathrm{WSRV}=\frac{\mathrm{WSV}}{\mathrm{RV}}\times 100\% \tag{7.12}$$

考虑到球面 5R 机构作为仿人关节原型，不仅要比较结构参数对工作空间大小的影响，还要研究该机构的工作空间区域相对于人体关节活动区域的实现程度。因此，设定两种基准值，综合考虑评价指标。第一种基准值为初始结构参数 (见表 7.1 的算例 1) 下的工作空间大小；第二种基准值为人体肩关节灵活活动区域大小 (以人体肩关节为例)，文献 [18] 基于高速摄像的人体运动检测系统，采用基于标记点的图像处理方法，有效地计算出人体上肢运动参数，肩部前后举动运动范围为 $-30^\circ\sim 100^\circ$，肩部侧向运动范围为 $0^\circ\sim 120^\circ$，将上述数据转化成工作空间标记点，如图 7.8 所示。

为了清晰、直观地表征球面 5R 并联机构的各结构参数对工作空间的影响，本节作者通过控制变量法，把多因素的问题变成多个单因素问题，提出一种基于多参数的迭代抽样优化方法。首先将结构参数初始化组合，分别在各个结构参数取值范

围内按均匀分布进行抽样，统计各抽样值的评价值；然后将各组最优评价值所对应的参数值重新组合，在此基础上再次进行上述的各组抽样、统计和重新组合步骤，直至参数组合值与在其基础上得到的重新组合值误差不大于 δ 优化结束。这样就得到最优参数组合。

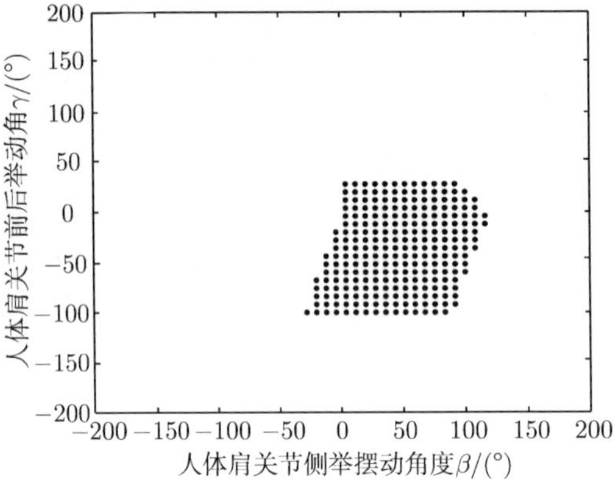

图 7.8　人体肩关节灵活活动区域

表 7.2 为各结构参数初始值和变量范围。根据图 7.8，可得到基准值 RV_1；初始结构参数 (见表 7.1 算例 1) 下的工作空间如图 7.7 所示，可得到基准值 RV_2。按照上述基于多参数的迭代抽样优化方法进行试验仿真，得到各结构参数对工作空间的影响，如图 7.9 所示。

表 7.2　结构参数取值范围

数值	$\alpha_1/(°)$	$\alpha_2/(°)$	$\alpha_3/(°)$	d_1/mm	d_2/mm	d_3/mm
初始数值	90	90	90	50	100	200
变量范围	50～120	50～120	50～120	20～80	70～140	150～200

由图 7.9(a)～(c) 可知，评价指标分别在结构参数 α_1=90°、α_2=60°、α_3=70° 时取得最大值；由图 7.9(d) 可知，$WSRV_1$ 基本保持不变，$WSRV_2$ 逐渐递增，考虑转动副 C_1、C_2 的加工特点及装配工艺性，选取 d_1=70mm；由图 7.9(e) 可知，$WSRV_1$ 和 $WSRV_2$ 均表现为先基本保持不变后逐渐减小的特性，考虑连杆 A_1B_1 与转动副 A_1 的装配工艺性，选取 d_2=90mm；由图 7.9(f) 可知，$WSRV_1$ 先逐渐增大后基本保持不变，$WSRV_2$ 逐渐递增，考虑机构的紧凑性，选取 d_3=185mm。综上所述，选取了一组较合理的结构参数：α_1=90°、α_2=60°、α_3=70°、d_1=70mm、d_2=90mm、d_3=185mm。在这组结构参数下，机构的工作空间仿真结果如图 7.10 所示。

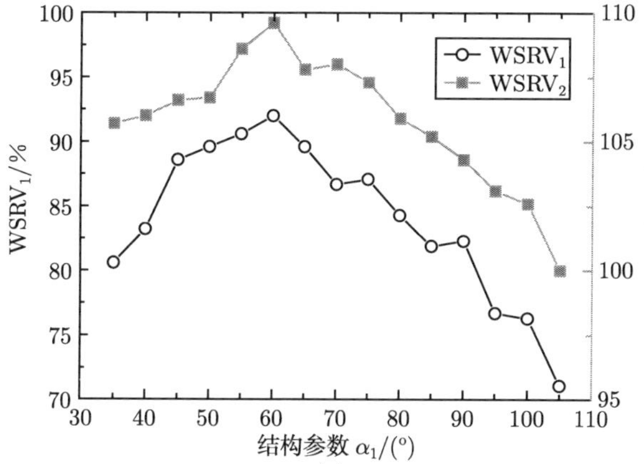
WSRV$_1$
WSRV$_2$
WSRV$_1$/%
WSRV$_2$/%
结构参数 α_1/(°)
(a)

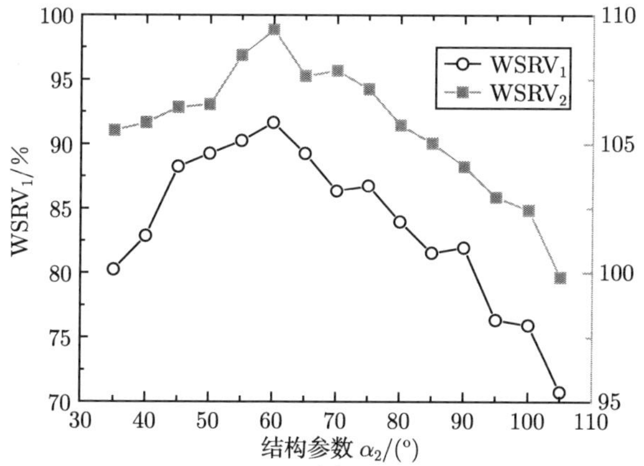
WSRV$_1$
WSRV$_2$
WSRV$_1$/%
WSRV$_2$/%
结构参数 α_2/(°)
(b)

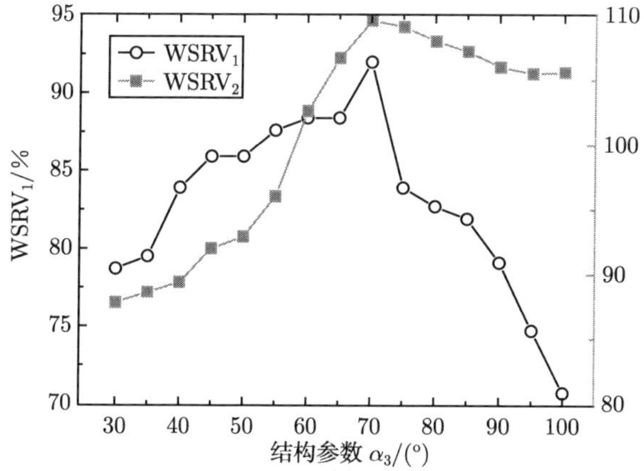
WSRV$_1$
WSRV$_2$
WSRV$_1$/%
WSRV$_2$/%
结构参数 α_3/(°)
(c)

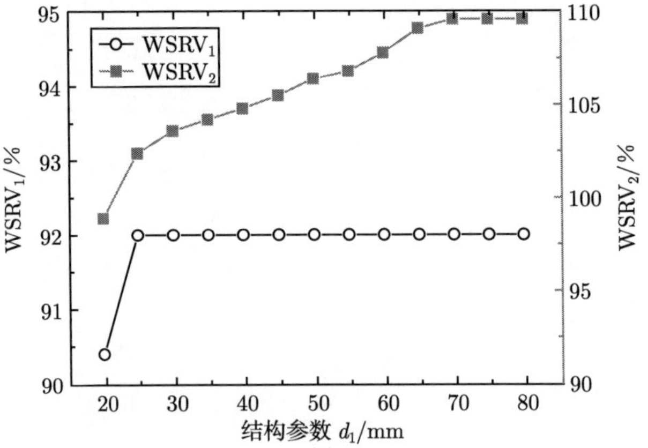

(d)

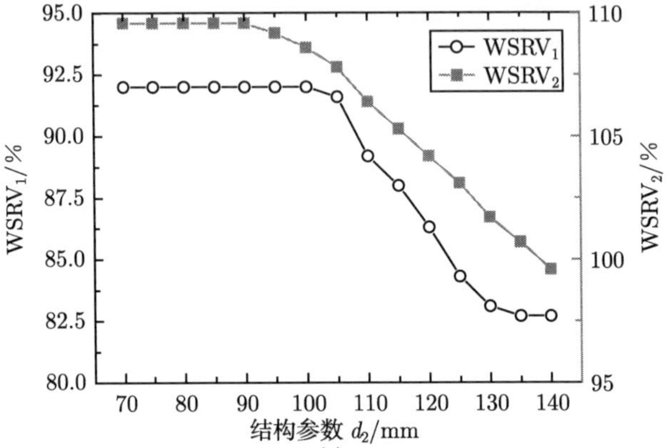

(e)

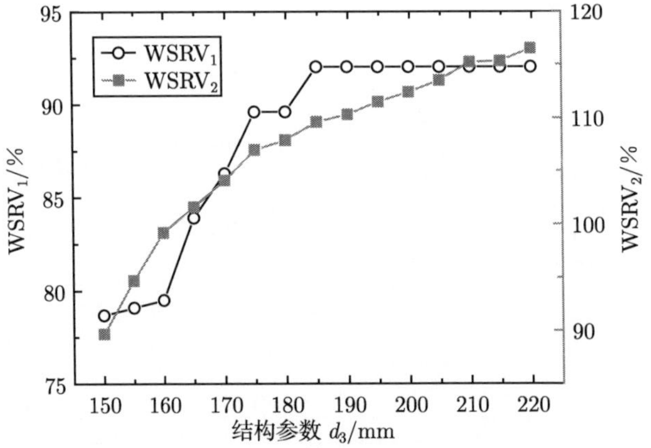

(f)

图 7.9　结构参数优化

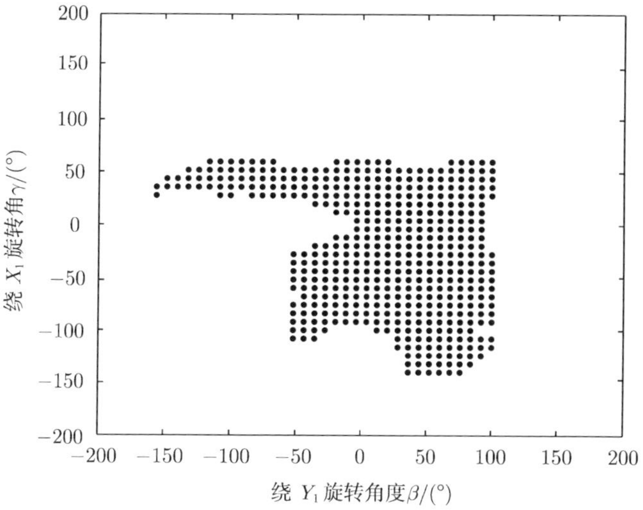

图 7.10 仿真结果

相比初始结构参数下的工作空间 (图 7.7)，图 7.10 所示的工作空间大小有明显的增大，并达到了人体肩关节灵活活动区域 (图 7.8) 的 92%。

7.3 球面 5R 并联机构运动学性能分析

在并联机构设计中，运动学性能分析是必要环节之一，也是机构优化设计和动态特性研究的基础 [19]。早期，Gosselin 等 [20] 以雅可比矩阵条件数作为机构的性能评价指标，其条件数越小表明机构的灵活性越好。这种局部条件数的优化，存在多解和难以保证最优解的问题，而全域条件数会大大增加计算量。陈修龙等 [21] 以雅可比矩阵行列式倒数最小为性能指标，对五自由度并联机构的灵活度进行了评价，但这种性能指标只能判断机构是否处于奇异位形。金振林 [22]、李研彪 [23] 等以雅可比矩阵的奇异值为性能指标对并联机器人进行优化设计，但只考虑了机构的速度传递性能。郭希娟 [24,25] 提出了基于一阶雅可比矩阵和二阶海森矩阵的并联机构速度和加速度性能评价指标。上述性能指标的研究大多数以速度性能为主，而对并联机构加速度性能的研究仍较少。

7.3.1 速度传递性能评价指标

根据球面 5R 并联机构的几何关系，建立矢量约束方程

$$\begin{cases} {}^{P}\boldsymbol{B}_1 \cdot {}^{P}_{Q}\boldsymbol{C}_1 = 0 \\ {}^{P}\boldsymbol{C}_2 = {}^{P}_{Q}\boldsymbol{C}_2 \end{cases} \tag{7.13}$$

式中，${}^{P}\boldsymbol{B}_1$ 和 ${}^{P}\boldsymbol{C}_2$ 分别表示在定坐标系 $\{P\}$ 中由 O 点指向轴线 OB_1 和 OC_2 方向的单位矢量；${}^{P}_{Q}\boldsymbol{C}_i\,(i=1,2)$ 表示在动坐标系 $\{Q\}$ 中由 O 点指向轴线 OC_i 方向的单位矢量，并变换到定坐标系 $\{P\}$ 上。

式 (7.13) 整理可得

$$\begin{cases} \gamma = \arctan \dfrac{n_1}{n_2} \\ \beta = q_2 - \dfrac{\pi}{2} \end{cases} \tag{7.14}$$

式中，$\begin{cases} n_1 = (\mathrm{c}_{\alpha_2}\mathrm{c}_{\alpha_3} + \mathrm{s}_{\alpha_2}\mathrm{s}_{\alpha_3}\mathrm{c}_{q_1})\mathrm{s}_{q_2} - \mathrm{s}_{\alpha_3}\mathrm{c}_{q_2}(\mathrm{s}_{\alpha_1}\mathrm{s}_{q_1} + \mathrm{c}_{\alpha_2}\mathrm{s}_{\alpha_1}\mathrm{c}_{q_1}) + \mathrm{s}_{\alpha_1}\mathrm{s}_{\alpha_2}\mathrm{c}_{\alpha_3}\mathrm{c}_{q_2} \\ n_2 = \mathrm{s}_{\alpha_1}\mathrm{s}_{\alpha_3}\mathrm{s}_{q_1} - \mathrm{c}_{\alpha_1}\mathrm{c}_{\alpha_2}\mathrm{s}_{\alpha_3}\mathrm{c}_{q_1} + \mathrm{c}_{\alpha_1}\mathrm{s}_{\alpha_2}\mathrm{c}_{\alpha_3} \end{cases}$，$\mathrm{c}_{\alpha_i} = \cos\alpha_i$，$\mathrm{s}_{\alpha_i} = \sin\alpha_i (i=1,2,3)$；$\mathrm{c}_{q_j} = \cos q_j$，$\mathrm{s}_{q_j} = \sin q_j$，$q_j (j=1,2)$ 表示驱动器 j 的输入角位移。

将式 (7.14) 两边关于时间 t 求导，可得动平台欧拉角速度 $\boldsymbol{\omega}$ 为

$$\boldsymbol{\omega} = \begin{bmatrix} \dot{r} \\ \dot{\beta} \end{bmatrix} = \boldsymbol{J}\dot{\boldsymbol{q}} \tag{7.15}$$

式中，$\dot{\boldsymbol{q}} = \begin{bmatrix} \dot{q}_1 & \dot{q}_2 \end{bmatrix}^{\mathrm{T}}$ 为驱动角速度；$\boldsymbol{J}$ 为雅可比矩阵。

由于雅可比矩阵 $\boldsymbol{J}$ 满秩，故雅可比矩阵 $\boldsymbol{J}$ 存在逆矩阵，则动平台的速度反解表达式为

$$\dot{\boldsymbol{q}} = \boldsymbol{J}^{-1}\boldsymbol{\omega} \tag{7.16}$$

式中，$\boldsymbol{J}^{-1}$ 为雅可比矩阵的逆矩阵。

若输入速度 $\dot{\boldsymbol{q}}$ 发生偏差 $\delta\dot{\boldsymbol{q}}$，则必然会引起动平台速度 $\boldsymbol{\omega}$ 发生偏差 $\delta\boldsymbol{\omega}$，可得

$$\frac{\|\delta \boldsymbol{w}\|}{\|\boldsymbol{w}\|} \leqslant \|\boldsymbol{J}\|\,\|\boldsymbol{J}^{-1}\|\,\frac{\|\delta\dot{\boldsymbol{q}}\|}{\|\dot{\boldsymbol{q}}\|} \tag{7.17}$$

令 $k_{\mathrm{v}} = \|\boldsymbol{J}\|\,\|\boldsymbol{J}^{-1}\|$，即雅可比矩阵的条件数，由于 $1 \leqslant k_{\mathrm{v}} < \infty$，为更好地表征速度传递性能，将 k_{v} 变形如下：

$$\eta_{\mathrm{v}} = \frac{1}{k_{\mathrm{v}}} \tag{7.18}$$

式中，η_{v} 为速度传递性能评价指标，$0 < \eta_{\mathrm{v}} \leqslant 1$。

由式 (7.17) 和式 (7.18) 可知，η_{v} 值越大，说明速度传递性能越好，其速度传递精度越高，当 $\eta_{\mathrm{v}} = 1$ 时，机构的速度传递性能达到最佳。而当 η_{v} 趋近于 0 时，雅可比矩阵 $\boldsymbol{J}$ 为病态矩阵，则机构的传递精度越低，速度传递性能越差。因此，η_{v} 值反映了球面 5R 并联机构的速度传递性能。

7.3.2 加速度传递性能评价指标

将式 (7.15) 两边关于时间 t 求导，可得动平台欧拉角加速度 $\boldsymbol{\varepsilon}$ 为

$$\boldsymbol{\varepsilon} = \boldsymbol{J}\ddot{\boldsymbol{q}} + \dot{\boldsymbol{q}}^{\mathrm{T}}\boldsymbol{H}_J\dot{\boldsymbol{q}} \tag{7.19}$$

式中，$\ddot{\boldsymbol{q}} = [\,\ddot{q}_1 \quad \ddot{q}_2\,]^{\mathrm{T}}$ 为驱动角加速度；$\boldsymbol{H}_J$ 为海森矩阵。

将式 (7.19) 变形，则动平台的加速度反解表达式为

$$\ddot{\boldsymbol{q}} = \boldsymbol{J}^{-1}\boldsymbol{\varepsilon} + \boldsymbol{J}^{-1}\cdot[\boldsymbol{\omega}^{\mathrm{T}}(\boldsymbol{J}^{\mathrm{T}})^{-1}\boldsymbol{H}_J\boldsymbol{J}^{-1}\boldsymbol{\omega}] \tag{7.20}$$

若输入角加速度 $\ddot{\boldsymbol{q}}$ 发生偏差 $\delta\ddot{\boldsymbol{q}}$，则必然会引起输出角加速度 $\boldsymbol{\varepsilon}$ 发生偏差 $\delta\boldsymbol{\varepsilon}$，则输出角加速度的相对误差 [25] 为

$$\frac{\|\delta\boldsymbol{\varepsilon}\|}{\|\boldsymbol{\varepsilon}\|} \leqslant \|\boldsymbol{J}\|\,\|\boldsymbol{J}^{-1}\|\,\frac{\|\delta\ddot{\boldsymbol{q}}\|}{\|\ddot{\boldsymbol{q}}\|} + \|\boldsymbol{H}_J\|\,\|\boldsymbol{H}_J^{-1}\|\left[\frac{2\,\|\delta\dot{\boldsymbol{q}}\|}{\|\dot{\boldsymbol{q}}\|} + \left(\frac{\|\delta\dot{\boldsymbol{q}}\|}{\|\dot{\boldsymbol{q}}\|}\right)^2\right] \tag{7.21}$$

由式 (7.21) 可知，角加速度相对误差与输入角速度范数、输入角加速度范数、雅可比矩阵的条件数等因素有关，本节仅考虑机构姿态对加速度传递性能的影响，故忽略输入角速度和角加速度的数值大小，令 $\dot{\boldsymbol{q}} = [\,1 \quad 1\,]^{\mathrm{T}}\mathrm{rad/s}$，$\ddot{\boldsymbol{q}} = [\,1 \quad 1\,]^{\mathrm{T}}\mathrm{rad/s^2}$。

设 $\delta\dot{\boldsymbol{q}}$ 和 $\delta\ddot{\boldsymbol{q}}$ 为 $[\,a \quad a\,]^{\mathrm{T}}$ 和 $[\,b \quad b\,]^{\mathrm{T}}$，表示输入角速度和角加速度的误差值，可得

$$\frac{\|\delta\boldsymbol{\varepsilon}\|}{\|\boldsymbol{\varepsilon}\|} \leqslant |b|\cdot\|\boldsymbol{J}\|\,\|\boldsymbol{J}^{-1}\| + |a^2+2a|\cdot\|\boldsymbol{H}_J\|\,\|\boldsymbol{H}_J^{-1}\| \tag{7.22}$$

令

$$k_{\mathrm{v+a}} = |b|\cdot k_{\mathrm{v}} + |a^2+2a|\cdot k_{\mathrm{a}} \tag{7.23}$$

式中，$k_{\mathrm{a}} = \|\boldsymbol{H}_J\|\,\|\boldsymbol{H}_J^{-1}\|$，即海森矩阵 $\boldsymbol{H}_J$ 的条件数。

由于雅可比矩阵和海森矩阵均与动平台姿态有关，所以当动平台处于不同的姿态时，其 $k_{\mathrm{v+a}}$ 值也不同，且 $|b|+|a^2+2a| \leqslant k_{\mathrm{v+a}} < \infty$。为更好地表征加速度传递性能，将 $k_{\mathrm{v+a}}$ 变形如下：

$$\eta_{\mathrm{a}} = \frac{1}{k_{\mathrm{v+a}}} \tag{7.24}$$

式中，η_{a} 为加速度传递性能评价指标。

由式 (7.23) 和式 (7.24) 可知，$k_{\mathrm{v+a}}$ 值越趋近于 $|b|+|a^2+2a|$，说明球面 5R 并联机构的加速度传递性能越好，其加速度传递精度越高。当 $k_{\mathrm{v+a}} = |b|+|a^2+2a|$ 时，机构的加速度传递性能达到最佳。因此，η_{a} 值反映了球面 5R 并联机构的加速度传递性能。

7.3.3　运动性能实例分析

基于表 7.1 给出的一组球面 5R 并联机构的结构参数，对其进行运动学性能分析。在给定全域工作空间内，均匀采样若干个点，这些点表示动平台的姿态，根据式 (7.15)~式 (7.18)，求解出该机构的速度传递性能评价指标 $\eta_{\rm v}$ 值。借助 MATLAB 软件，在机构的全域工作空间内绘制出速度传递性能指标的等高线分布图 (图 7.11)，并分析该机构的速度传递性能。

由图 7.11 可知，速度传递性能指标在工作空间内存在三个波峰，其姿态坐标 (β,γ) 分别为 (0.5268，−1.5972)、(1.2037，−1.5972) 和 (0.2108，1.0472)。对应速度传递性能指标 $\eta_{\rm v}$ 值分别是 0.9756、0.9783 和 0.9198。由速度传递性能指标的特点可知，指标 $\eta_{\rm v}$ 值越接近 1，其速度传递性能越好。因此，当动平台姿态坐标为 (0.5268，−1.5972) 和 (1.2037，−1.5972) 时，其机构的速度传递性能达到最佳。当角度 β 值越靠近工作空间的边缘时，速度传递性能越差。

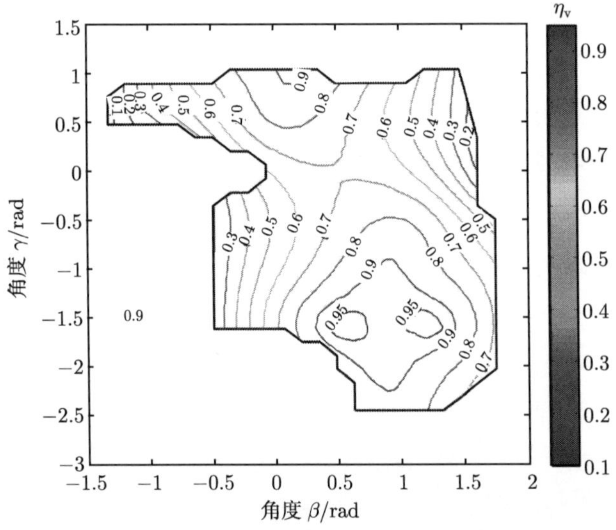

图 7.11　速度传递性能指标的分布情况

根据式 (7.19)~式 (7.24)，求解出球面 5R 并联机构的加速度传递性能评价指标 $\eta_{\rm a}$。给定误差值 a=0.02 rad/s，b=0.02 rad/s^2。利用 MATLAB 软件绘制出工作空间内加速度传递性能指标的等高线分布图，如图 7.12 所示。

由图 7.12 可知，加速度传递性能指标在工作空间内存在五个波峰，其姿态坐标 (β,γ) 分别为 (−0.6015，0.9062)、(0.4816，−1.5972)、(1.294，−1.5972)、(0.7976，0.0599) 和 (0.3462，−0.0811)。对应加速度传递性能指标值分别为 13.7601、15.1237、15.8106、13.4589 和 13.3412。根据加速度传递性能指标的特点，指标 $\eta_{\rm a}$ 值越接近

16.56，加速度传递性能越好。因此，当动平台姿态坐标处于 (0.4816，−1.5972) 和 (1.294，−1.5972) 时，其 5R 并联机构的加速度传递性能达到最佳；当姿态坐标处于 (0.5，0.5) 和 (0.5，−0.5) 附近时，其加速度传递性能最差。

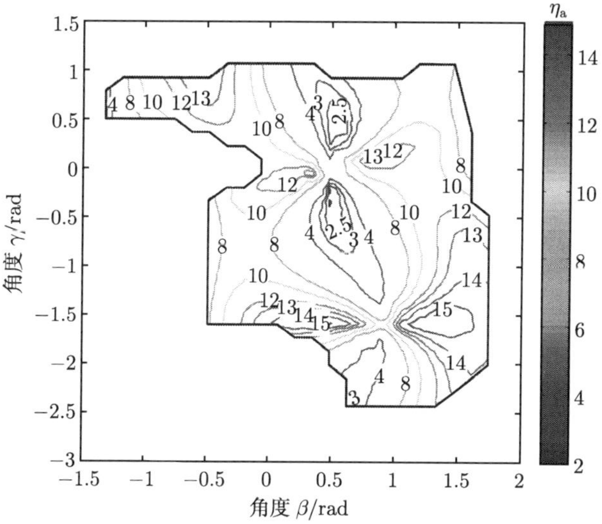

图 7.12　加速度传递性能指标的分布情况

综合图 7.11 和图 7.12 可知，在工作空间内，当角度 γ 值为 −1.5972 rad、角度 β 值为 0.2~0.7 rad 时，球面 5R 并联机构的运动学性能最好；而当动平台姿态越接近工作空间的边缘时，其运动学性能越差。

7.4　球面 5R 并联机构动力学建模

动力学模型是机构进行动力学特性分析的基础，也是实现机构高精度控制的前提。由于并联机构结构的复杂性，其动力学模型是一个多自由度、多变量、高度非线性和多参数耦合的复杂数学方程 [12,26]。目前，动力学模型建立的方法主要有拉格朗日方法 [27,28]、牛顿–欧拉方法 [29-31]、虚功原理 [32-35]、凯恩方法 [36,37] 等。不同方法建立的动力学模型的形式不同，其计算的繁简程度相差也很大，但对于同一个对象的同一种运动形态，最终的计算结果都是完全相同的。因此，针对一个具体的机构，选择一种合适的方法能使其动力学分析相对简单，这对后续的实时控制具有非常现实的意义。

并联机构中轴承、轴类零件的质量相对于整个并联机构很小，且其运动状况对整个并联机构的运动影响也很小，故忽略这些零件的回转运动，将其视为连杆的一部分。同时，忽略各回转副之间的摩擦力，将各连杆和动平台皆视为均质刚体，并在运动过程中考虑外力对驱动力矩的影响。

对于整个球面 5R 并联机构，建立动力学方程

$$\boldsymbol{T}_Q^I + \boldsymbol{T}_Q^F = \boldsymbol{T}_Q^A \tag{7.25}$$

式中，T_Q^I 表示广义惯性力，即系统惯性力折算到广义坐标上的等效力矩；T_Q^F 表示广义外力，即系统外力折算到广义坐标上的等效力矩；T_Q^A 表示驱动力矩。

7.4.1 广义惯性力的计算

设动平台的质量为 m_0，其质心与机构中心 O 点重合，动平台相对于动坐标系 $\{Q\}$ 的主转动惯量矩阵为 $\boldsymbol{I}_H(\boldsymbol{I}_H = \text{diag}(\, I_x \quad I_y \quad I_z\,))$；连杆 A_1B_1 的质量为 m_1，绕质心的转动惯量为 I_1；连杆 A_2C_2 的质量为 m_2，绕质心的转动惯量为 I_2；连杆 B_1C_1 的质量为 m_3，绕质心在轴线 OB_1 方向上转动惯量为 I_3^B，绕质心在轴线 OC_1 方向上转动惯量为 I_3^C。

采用拉格朗日方法计算球面 5R 并联机构的广义惯性力，将系统惯性力转换到广义坐标 $[\,\dot{q}_1 \quad \dot{q}_2\,]^{\mathrm{T}}$ 上，广义惯性力和驱动力两者平衡，则其计算过程如下。

1. 各构件动能的计算

连杆 A_1B_1 和 A_2C_2 直接与驱动器 1 和驱动器 2 连接，故其仅绕固定回转副做旋转运动，因此连杆 A_1B_1 和 A_2C_2 的动能为

$$\begin{cases} E_{A_1B_1} = \dfrac{1}{2} I_1 \dot{q}_1^2 \\ E_{A_2C_2} = \dfrac{1}{2} I_2 \dot{q}_2^2 \end{cases} \tag{7.26}$$

在定坐标系 $\{P\}$ 中，连杆 B_1C_1 绕机构中心 O 点做空间旋转运动，可将其动能分解成连杆 B_1C_1 质心的平动动能和绕其质心的转动动能两部分。而绕质心的转动又可分解为平行于轴线 OB_1 和 OC_1 两个方向的转动，则连杆 B_1C_1 的转动动能的计算如下。

设连杆 A_1B_1 与连杆 B_1C_1 之间的夹角为 φ_1。根据该机构的结构特点，建立约束条件

$${}^P\boldsymbol{C}_1 = {}^P_Q\boldsymbol{C}_1 \tag{7.27}$$

式中，${}^P\boldsymbol{C}_1$ 表示在定坐标系$\{P\}$中由 O 点指向轴线 OC_1 方向的单位矢量。

解得

$$\varphi_1 = 2\arctan\frac{\eta_1 + \sqrt{\eta_1^2 + \eta_2^2 - \eta_3^2}}{\eta_2 + \eta_3} \tag{7.28}$$

式中，$\eta_1 = \mathrm{s}_{\alpha_1}\mathrm{c}_{q_1} + \mathrm{c}_{\alpha_1}\mathrm{c}_{\alpha_2}\mathrm{s}_{q_1}$；$\eta_2 = \mathrm{c}_{\alpha_3}(\mathrm{s}_{\alpha_1}\mathrm{s}_{q_1} - \mathrm{c}_{\alpha_1}\mathrm{c}_{\alpha_2}\mathrm{c}_{q_1}) - \mathrm{c}_{\alpha_1}\mathrm{s}_{\alpha_2}\mathrm{s}_{\alpha_3}$；$\eta_3 = \mathrm{s}_\gamma$；s 表示 sin，c 表示 cos。

将式 (7.28) 关于时间 t 求导，解出角速度 $\dot{\varphi}_1$ 为

$$\dot{\varphi}_1 = \begin{bmatrix} \dfrac{\partial \varphi_1}{\partial q_1} & \dfrac{\partial \varphi_1}{\partial q_2} \end{bmatrix} \dot{\boldsymbol{q}} = \begin{bmatrix} N_1 & N_2 \end{bmatrix} \dot{\boldsymbol{q}} \tag{7.29}$$

设轴线 OB_1 与轴线 OC_2 之间的夹角为

$$\varphi_2 = \arccos({}^P\boldsymbol{B}_1 \cdot {}^P\boldsymbol{C}_2) \tag{7.30}$$

将式 (7.30) 关于时间 t 求导，解出角速度 $\dot{\varphi}_2$ 为

$$\dot{\varphi}_2 = \begin{bmatrix} \dfrac{\partial \varphi_2}{\partial q_1} & \dfrac{\partial \varphi_2}{\partial q_2} \end{bmatrix} \dot{\boldsymbol{q}} = \begin{bmatrix} N_3 & N_4 \end{bmatrix} \dot{\boldsymbol{q}} \tag{7.31}$$

可得连杆 B_1C_1 绕质心的转动动能 E_{BC}^{r} 为

$$E_{BC}^{\mathrm{r}} = \frac{1}{2} I_3^B \dot{\varphi}_1^2 + \frac{1}{2} I_3^C \dot{\varphi}_2^2 \tag{7.32}$$

设连杆 B_1C_1 的质心坐标为 $(x_{BC}\ y_{BC}\ z_{BC})^{\mathrm{T}}$

$$\begin{pmatrix} x_{BC} \\ y_{BC} \\ z_{BC} \end{pmatrix} = r_5 {}^P\boldsymbol{B}_1 + r_6 {}^P\boldsymbol{C}_1 \tag{7.33}$$

式中，r_5 为连杆 B_1C_1 的质心到轴线 OC_1 的距离；r_6 为连杆 B_1C_1 的质心到轴线 OB_1 的距离。

对式 (7.33) 关于时间 t 求导，可得连杆 B_1C_1 的质心速度 $(\dot{x}_{BC}\quad \dot{y}_{BC}\quad \dot{z}_{BC})^{\mathrm{T}}$ 如下：

$$\begin{pmatrix} \dot{x}_{BC} \\ \dot{y}_{BC} \\ \dot{z}_{BC} \end{pmatrix} = \begin{bmatrix} u_{11} & u_{12} \\ u_{21} & u_{22} \\ u_{31} & u_{32} \end{bmatrix} \dot{\boldsymbol{q}} \tag{7.34}$$

式中，

$$\begin{cases} u_{11} = r_5\mathrm{s}_{\alpha_3}(\mathrm{c}_{\alpha_1}\mathrm{c}_{q_1} - \mathrm{c}_{\alpha_2}\mathrm{s}_{\alpha_1}\mathrm{s}_{q_1}) + r_5\mathrm{c}_{q_2}\mathrm{s}_\gamma J_{11} \\ u_{12} = r_6(\mathrm{s}_{q_2}\mathrm{c}_\gamma + \mathrm{c}_{q_2}s_\gamma J_{12}) \\ u_{21} = r_5\mathrm{s}_{\alpha_3}(\mathrm{s}_{\alpha_1}\mathrm{c}_{q_1} + \mathrm{c}_{\alpha_1}\mathrm{c}_{\alpha_2}\mathrm{s}_{q_1}) - r_6\mathrm{c}_\gamma J_{11} \\ u_{22} = -r_6\mathrm{c}_\gamma J_{12} \\ u_{31} = r_5\mathrm{s}_{\alpha_2}\mathrm{s}_{\alpha_3}\mathrm{s}_{q_1} - r_6\mathrm{s}_{q_2}\mathrm{s}_\gamma J_{11} \\ u_{32} = r_6(\mathrm{c}_{q_1}\mathrm{c}_\gamma - \mathrm{s}_{q_2}s_\gamma J_{12}) \end{cases}$$

s 表示 sin，c 表示 cos；J_{ij} 表示雅可比矩阵 $\boldsymbol{J}$ 的第 i 行第 j 列元素。

因此，连杆 B_1C_1 质心的平动动能 E_{BC}^{s} 为

$$E_{BC}^{\mathrm{s}} = \frac{1}{2}m_3(\dot{x}_c^2 + \dot{y}_c^2 + \dot{z}_c^2) \tag{7.35}$$

由式 (7.32) 和式 (7.35) 可得，连杆 B_1C_1 的总动能 E_{BC} 为

$$E_{BC} = E_{BC}^{\mathrm{r}} + E_{BC}^{\mathrm{s}} \tag{7.36}$$

将动平台姿态参数的欧拉角 $[\gamma \quad \beta]^{\mathrm{T}}$ 关于时间的一阶导数 $\boldsymbol{\omega}$ 转换成定坐标系 $\{P\}$ 表示的角速度矢量 ω_{p} 如下：

$$\boldsymbol{\omega}_{\mathrm{p}} = \boldsymbol{G}\cdot\boldsymbol{\omega} \tag{7.37}$$

式中，$\boldsymbol{G} = \begin{bmatrix} \cos\beta & 0 & 0 \\ 0 & 1 & 0 \\ -\sin\beta & 0 & 1 \end{bmatrix}$。

动平台相对于过质心坐标系的转动惯量矩阵 $\boldsymbol{I}_{\mathrm{p}}$ 如下：

$$\boldsymbol{I}_{\mathrm{p}} = {}_{Q}^{P}\boldsymbol{R}\boldsymbol{I}_{H}{}_{Q}^{P}\boldsymbol{R}^{\mathrm{T}} \tag{7.38}$$

式中，${}_{Q}^{P}\boldsymbol{R}$ 为动平台欧拉角所对应的旋转矩阵。

动平台始终绕机构中心 O 点做旋转运动，故动平台的转动动能 E_H 为

$$E_H = \frac{1}{2}\boldsymbol{\omega}_{\mathrm{p}}^{\mathrm{T}}\boldsymbol{I}_{\mathrm{p}}\boldsymbol{\omega}_{\mathrm{p}} \tag{7.39}$$

由式 (7.26) 和式 (7.39) 可得机构总动能 E 为

$$E = \frac{1}{2}\hat{J}_{11}\dot{q}_1^2 + \frac{1}{2}\hat{J}_{22}\dot{q}_2^2 + \hat{J}_{12}\dot{q}_1\dot{q}_2 \tag{7.40}$$

式中，

$$\begin{cases} \hat{J}_{11} = I_1 + I_3^B N_1^2 + I_3^C N_3^2 + m_3(u_{11}^2 + u_{21}^2 + u_{31}^2) + I_{11}J_{11}^2 \\ \hat{J}_{22} = I_2 + I_3^B N_2^2 + I_3^C N_4^2 + m_3(u_{12}^2 + u_{22}^2 + u_{32}^2) + I_{11}J_{12}^2 \\ \qquad +(I_{21} + I_{12})J_{12}\mathrm{c}_\gamma - (I_{31} + I_{13})J_{12}\mathrm{s}_\gamma - (I_{32} + I_{23})\mathrm{c}_\gamma\mathrm{s}_\gamma \\ \hat{J}_{12} = I_3^B N_1 N_2 + I_3^C N_3 N_4 + m_3(u_{11}u_{12} + u_{21}u_{22} + u_{31}u_{32}) \\ \qquad +I_{11}J_{11}J_{12} + \frac{1}{2}(I_{21} + I_{12})J_{11}\mathrm{c}_\gamma - \frac{1}{2}(I_{31} + I_{13})J_{11}\mathrm{s}_\gamma \end{cases}$$

将式 (7.40) 改写成矩阵形式为

$$E = \frac{1}{2}\dot{\boldsymbol{q}}^{\mathrm{T}}\boldsymbol{I}\dot{\boldsymbol{q}} \tag{7.41}$$

式中，$\boldsymbol{I}=\begin{bmatrix} \hat{J}_{11} & \hat{J}_{12} \\ \hat{J}_{12} & \hat{J}_{22} \end{bmatrix}$。

由式 (7.41) 可知，矩阵 $\boldsymbol{I}$ 表示广义惯量矩阵，其值大小除受构件的质量和分布的影响外，还与雅可比矩阵有关。而雅可比矩阵与球面 5R 并联机构的姿态有关，故广义惯量矩阵 $\boldsymbol{I}$ 与机构质量、质量分布及机构姿态有关，且广义惯量矩阵 $\boldsymbol{I}$ 为对称矩阵。

2. 各构件势能的计算

取定坐标系$\{P\}$中 OXY 面为重力零势能面，由于动平台的质心与机构中心 O 点重合，且动平台始终绕质心旋转，因此动平台势能变化为零。

设连杆 A_1B_1 的质心坐标为 $(x_{AB}\quad y_{AB}\quad z_{AB})^{\mathrm{T}}$，连杆 A_2C_2 的质心坐标为 $(x_{AC}\quad y_{AC}\quad z_{AC})^{\mathrm{T}}$。重力方向为定坐标系$\{P\}$的 Z 轴方向，故取各杆件 Z 轴坐标值为

$$\begin{cases} z_1 = z_{AB} = r_2\mathrm{c}_{\alpha_2} - r_1\mathrm{s}_{\alpha_1}\mathrm{c}_{\theta_1} \\ z_2 = z_{AC} = r_3\mathrm{c}_{\theta_2} \\ z_3 = z_{BC} = r_5(\mathrm{c}_{\alpha_2}\mathrm{c}_{\alpha_3} - \mathrm{s}_{\alpha_2}\mathrm{s}_{\alpha_3}\mathrm{c}_{\theta_1}) + r_6\mathrm{s}_{\theta_2}\mathrm{c}_{\gamma} \end{cases} \tag{7.42}$$

式中，r_1 为连杆 A_1B_1 的质心到轴线 OA_1 的距离；r_2 为连杆 A_1B_1 的质心投影到轴线 OA_1 上，与机构中心 O 点的距离；r_3 为连杆 A_2C_2 的质心到轴线 OA_2 的距离；r_4 为连杆 A_2C_2 的质心到轴线 OC_2 的距离；r_5 为连杆 B_1C_1 的质心到轴线 OA_1 的距离；r_6 为连杆 B_1C_1 的质心到轴线 OC_1 的距离。

因此，机构的总势能 V 为

$$V = g\sum_{i=1}^{3} m_i z_i \tag{7.43}$$

根据非保守系统拉格朗日方程，可得

$$\frac{\mathrm{d}}{\mathrm{d}t}\left(\frac{\partial L}{\partial \dot{\boldsymbol{q}}}\right) - \frac{\partial L}{\partial \boldsymbol{q}} = \boldsymbol{\tau} \tag{7.44}$$

式中，$L = E - V$；$\boldsymbol{\tau}$ 为广义坐标上的广义力矩。

由于势能 V 与 $\dot{\boldsymbol{q}}$ 无关，则式 (7.44) 可化简为

$$\frac{\mathrm{d}}{\mathrm{d}t}\left(\frac{\partial E}{\partial \dot{\boldsymbol{q}}}\right) - \frac{\partial E}{\partial \boldsymbol{q}} + \frac{\partial V}{\partial \boldsymbol{q}} = \boldsymbol{\tau} \tag{7.45}$$

将式 (7.41) 关于 $\boldsymbol{q}$ 求导，可得

$$\frac{\partial E}{\partial \boldsymbol{q}} = \frac{1}{2}\dot{\boldsymbol{q}}^{\mathrm{T}}\boldsymbol{D}\dot{\boldsymbol{q}} \tag{7.46}$$

式中，

$$\boldsymbol{D}=\begin{bmatrix}\begin{pmatrix}\dfrac{\partial \hat{J}_{11}}{\partial q_1}\\ \dfrac{\partial \hat{J}_{11}}{\partial q_2}\end{pmatrix} & \begin{pmatrix}\dfrac{\partial \hat{J}_{12}}{\partial q_1}\\ \dfrac{\partial \hat{J}_{12}}{\partial q_2}\end{pmatrix}\\ \begin{pmatrix}\dfrac{\partial \hat{J}_{12}}{\partial q_1}\\ \dfrac{\partial \hat{J}_{12}}{\partial q_2}\end{pmatrix} & \begin{pmatrix}\dfrac{\partial \hat{J}_{22}}{\partial q_1}\\ \dfrac{\partial \hat{J}_{22}}{\partial q_2}\end{pmatrix}\end{bmatrix}\in \mathbf{R}^{2\times 2\times 2}$$

将式 (7.41) 先后关于速度 $\dot{\boldsymbol{q}}$ 和时间 t 求导，可得

$$\frac{\mathrm{d}}{\mathrm{d}t}\left(\frac{\partial E}{\partial \dot{\boldsymbol{q}}}\right)=\boldsymbol{I}\ddot{\boldsymbol{q}}+\dot{\boldsymbol{q}}^{\mathrm{T}}\boldsymbol{N}\dot{\boldsymbol{q}} \tag{7.47}$$

式中，

$$\boldsymbol{N}=\begin{bmatrix}\begin{pmatrix}\dfrac{\partial \hat{J}_{11}}{\partial q_1}\\ \dfrac{\partial \hat{J}_{12}}{\partial q_1}\end{pmatrix} & \begin{pmatrix}\dfrac{\partial \hat{J}_{12}}{\partial q_1}\\ \dfrac{\partial \hat{J}_{22}}{\partial q_1}\end{pmatrix}\\ \begin{pmatrix}\dfrac{\partial \hat{J}_{11}}{\partial q_2}\\ \dfrac{\partial \hat{J}_{12}}{\partial q_2}\end{pmatrix} & \begin{pmatrix}\dfrac{\partial \hat{J}_{12}}{\partial q_2}\\ \dfrac{\partial \hat{J}_{22}}{\partial q_2}\end{pmatrix}\end{bmatrix}\in \mathbf{R}^{2\times 2\times 2}$$

将式 (7.43) 关于 $\boldsymbol{q}$ 求导，可得

$$\frac{\partial V}{\partial \boldsymbol{q}}=\boldsymbol{U}=\begin{bmatrix}g\displaystyle\sum_{j=1}^{3}m_j\frac{\partial z_j}{\partial q_1}\\ g\displaystyle\sum_{j=1}^{3}m_j\frac{\partial z_j}{\partial q_2}\end{bmatrix} \tag{7.48}$$

并将式 (7.46)、式 (7.47) 和式 (7.48) 代入式 (7.45) 中，化简可得

$$\tau=\boldsymbol{I}\ddot{\boldsymbol{q}}+\dot{\boldsymbol{q}}^{\mathrm{T}}\boldsymbol{P}\dot{\boldsymbol{q}}+\boldsymbol{U} \tag{7.49}$$

式中，$\boldsymbol{P}=\boldsymbol{N}-0.5\boldsymbol{D}$。

广义惯性力和驱动力两者平衡，故广义惯性力 $\boldsymbol{T}_Q^I$ 为

$$\boldsymbol{T}_Q^I=\boldsymbol{I}\ddot{\boldsymbol{q}}+\dot{\boldsymbol{q}}^{\mathrm{T}}\boldsymbol{P}\dot{\boldsymbol{q}}+\boldsymbol{U} \tag{7.50}$$

7.4.2　广义外力的计算

设作用在动平台上的外力矢量 $\boldsymbol{F}$ 为

$$\boldsymbol{F}=\begin{pmatrix} F_x & F_y & F_z & M_x & M_y & M_z \end{pmatrix}^{\mathrm{T}} \tag{7.51}$$

驱动力矩矢量为 $\boldsymbol{\tau}=\begin{pmatrix}\tau_1 & \tau_2\end{pmatrix}^{\mathrm{T}}$，根据虚功原理，将作用在动平台上的外力 $\boldsymbol{F}$ 映射到相应驱动器上的驱动力矩，可得

$$\boldsymbol{\tau}=\boldsymbol{J}^{\mathrm{T}}\boldsymbol{F} \tag{7.52}$$

式中，$\boldsymbol{J}^{\mathrm{T}}$ 表示雅可比矩阵 $\boldsymbol{J}$ 的转置，即力雅可比矩阵。

因此，广义外力 $\boldsymbol{T}_Q^F$ 为

$$\boldsymbol{T}_Q^F=\boldsymbol{\tau}=\boldsymbol{J}^{\mathrm{T}}\boldsymbol{F} \tag{7.53}$$

7.4.3　动力学模型的建立

根据式 (7.25) 建立动力学模型，将式 (7.50) 和式 (7.53) 代入，化简可得驱动力矩表达式为

$$\boldsymbol{T}_Q^A=\boldsymbol{I}\ddot{\boldsymbol{q}}+\dot{\boldsymbol{q}}^{\mathrm{T}}\boldsymbol{P}\dot{\boldsymbol{q}}+\boldsymbol{Q} \tag{7.54}$$

式中，$\boldsymbol{Q}=\boldsymbol{U}+\boldsymbol{J}^{\mathrm{T}}\boldsymbol{F}$。

由式 (7.54) 可知，当已知输入速度、加速度和机构姿态时，可求解出相应的驱动力矩。其中，$\boldsymbol{Q}$ 表示机构受到的外载荷 (包括重力)；$\boldsymbol{I}$ 表示系统广义惯量矩阵，其值大小除受构件的质量和其分布影响外，还与机构姿态有关；$\boldsymbol{P}$ 表示系统广义惯性功率矩阵，其值大小仅与机构的质量和姿态有关。因此，机构的质量和运动的姿态情况都会影响驱动力矩的大小。

7.4.4　动力学实例分析

在球面 5R 并联机构工作空间内，给定一条动平台的运动轨迹，其初始姿态坐标为 $(\beta,\gamma)=(0,0)$rad，运动轨迹轮廓为圆形，具体如下：

$$\begin{cases}\gamma=\dfrac{1}{4}\sin\left(2\pi\dfrac{t}{T}\right)\\ \beta=\dfrac{1}{4}-\dfrac{1}{4}\cos\left(2\pi\dfrac{t}{T}\right)\end{cases} \tag{7.55}$$

式中，t 表示运动时间；T 表示运动总时间，T=10s，$0\leqslant t\leqslant T$。

通过式 (7.16) 速度反解和式 (7.20) 加速度反解，利用 MATLAB 软件绘制出驱动器输入角速度和角加速度的变化曲线图，如图 7.13 和图 7.14 所示。

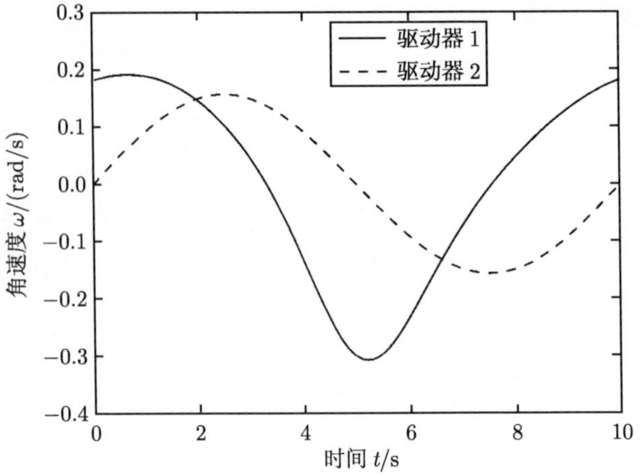

图 7.13　驱动器的输入速度曲线图

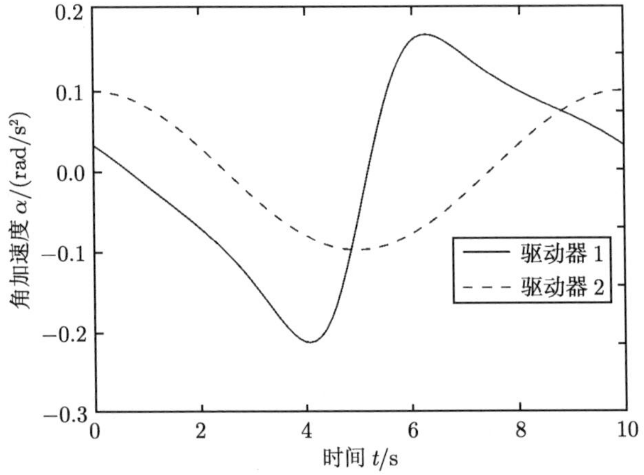

图 7.14　驱动器的输入角加速度曲线图

由图 7.13 和图 7.14 可知，驱动器 1 和 2 角速度最大值小于 0.4 rad/s，角加速度最大值小于 0.2 rad/s^2。表明该机构在给定轨迹运动过程中所需驱动转速较小，且不存在突变现象，运动平稳。

已知在球面 5R 并联机构动平台处承载重物为 4 kg。根据式 (7.54)，求解出驱动力矩 τ_1 和 τ_2 的值，并利用 MATLAB 软件绘制出驱动力矩的变化曲线图，如图 7.15 所示。

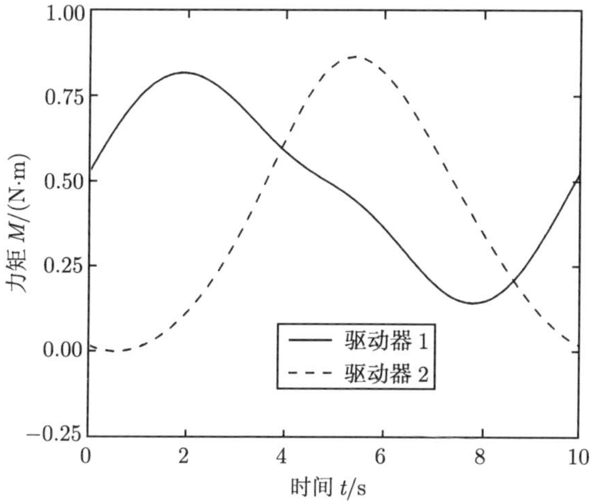

图 7.15　驱动力矩曲线图

为进一步验证动力学模型的准确性，将上述理论计算得到的驱动力矩函数作为驱动器的输入力矩函数，利用 ADAMS 软件对球面 5R 并联机构进行动力学仿真，得到驱动器的输入角位移，并与本书理论计算值的角位移进行对比，如图 7.16 和图 7.17 所示。

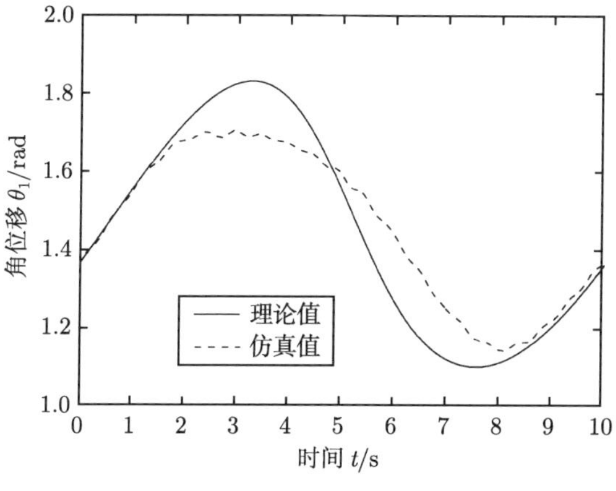

图 7.16　驱动器 1 的角位移理论与仿真结果

比较理论计算值与软件仿真值可知，驱动器 1 的输入角位移最大偏差不超过 0.15 rad，驱动器 2 的输入角位移最大偏差不超过 0.1 rad，且在运动初期和后期，理论值与仿真值的偏差更小，两者基本保持一致。因此，验证了在外载荷条件下所建立的动力学模型的正确性。

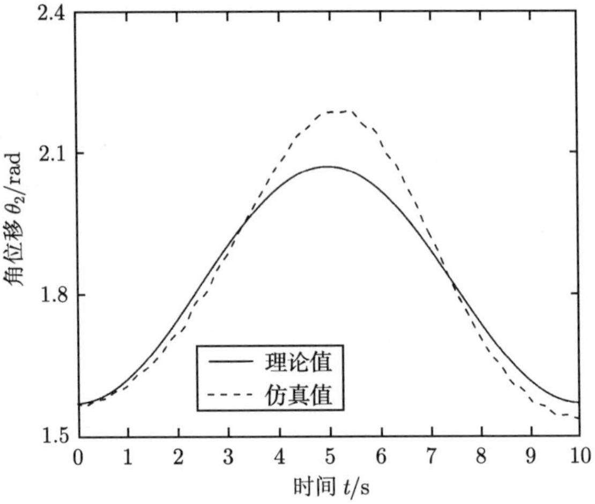

图 7.17　驱动器 2 的角位移理论与仿真结果

7.5　本 章 小 结

本章结合拟人肩关机构的特点，提出了一种新型球面 5R 并联机构，主要内容如下。

(1) 对球面 5R 并联机构进行分析，得到该机构的位置反解，并在其基础上进行自由度变化奇异分析，分析了奇异位形与角度结构参数的关系。

(2) 基于数值方法理论，应用极坐标迭代搜索方法，介绍此并联机构的工作空间。基于多参数的迭代抽样优化方法，分析此机构各个结构参数对工作空间的影响，同时考虑加工与装配工艺性，选取较合理的结构参数。

(3) 分析一种球面 5R 并联机构的运动学性能，推导出该机构动平台速度和加速度的正反解，并利用雅可比矩阵和海森矩阵的条件数，得到了该机构的速度和加速度传递性能评价指标。基于传递性能评价指标，得到球面 5R 并联机构在全域工作空间内其速度和加速度的传递性能并绘制等高线分布图。结果表明，当角度 γ 值等于 -1.5972 rad、角度 β 值为 0.2~0.7 rad 时，速度和加速度传递性能达到最佳。

(4) 基于拉格朗日方法，得到广义惯性力的表达式。基于虚功原理，得到广义外力的表达式。另外，建立在外载荷条件下 5R 并联机构的动力学模型，分析动力学模型中各系数对驱动力矩的影响。基于动力学模型，在给定一组结构参数和动平台的运动轨迹时，分析驱动器的输入速度、加速度和力矩的变化规律，并绘制其随时间变化的曲线图。利用 ADAMS 软件验证外载荷条件下所建立的动力学模型的正确性。

综上所述，球面 5R 并联机构在工作空间内部具有较好的运动学传递性能，可应用于拟人机器人的关节上。外载荷条件下所建立的动力学模型可为拟人机器人的实时精确控制提供理论参考。

参 考 文 献

[1] Vischer P, Clavel R. Argos: A novel 3-DOF parallel wrist mechanism[J]. International Journal of Robotics Research, 2000, 19(1): 5-11.

[2] Fichter E F, Kerr D R, Rees-Jones J. The Gough-Stewart platform parallel manipulator: A retrospective appreciation[J]. Journal of Mechanical Engineering Science, 2009, 223(1): 243-281.

[3] Li Y, Tan D, Wen D, et al. Parameters optimization of a novel 5-DOF gasbag polishing machine tool[J]. Chinese Journal of Mechanical Engineering, 2013, 26(4): 680-688.

[4] 荣誉, 金振林, 曲梦可. 六足步行机器人的并联机械腿设计[J]. 光学精密工程, 2012, 20(7): 1532-1541.

[5] 黄田, 曾宪菁, 曾子平, 等. 等顶锥角 3 自由度球面并联机构的全参数解析尺度综合[J]. 机械工程学报, 2000, 36(8): 15-19.

[6] Kong X, Gosselin C M. Type synthesis of three-degree-of-freedom spherical parallel manipulators[J]. International Journal of Robotics Research, 2004, 23(3): 237-245.

[7] 孙立宁, 刘宇, 祝宇虹. 一种用于腕关节的球面三自由度并联解耦机构位置分析[J]. 中国机械工程, 2003, 14(10): 831-833.

[8] 尹小琴, 马履中. 三平移并联机构 3-RRC 的工作空间分析[J]. 中国机械工程, 2003, 14(18): 1531-1532.

[9] Sandorg N, Kohli D, Hernandez M, et al. Kinematic analysis of three-link spatial mechanisms containing sphere-plane and sphere-groove pairs[J]. Mechanism & Machine Theory, 1984, 19(1): 129-138.

[10] Kohli D, Khonji A. Grashof-type rotatability criteria of spherical five-bar linkages[J]. Journal of Mechanical Design, 1994, 116(1): 99-104.

[11] 张立杰. 两自由度并联机器人的性能分析及尺寸优化[D]. 秦皇岛: 燕山大学, 2006.

[12] 黄真, 赵永生, 赵铁石. 高等空间机构学[M]. 北京: 高等教育出版社, 2006.

[13] Gouttefarde M, Gosselin C M. Analysis of the wrench-closure workspace of planar parallel cable-driven mechanisms[J]. Transactions on Robotics, 2006, 22(3): 434-445.

[14] Masory O, Wang J, Zhuang H. On the accuracy of a stewart platform—Part Ⅱ: Kinematic calibration and compensation[C]. Proceedings of the IEEE International Conference on Robotics and Automation, Atlanta, 1993: 725-731.

[15] 冯海兵. 并联宏/微驱动操作手工作的空间分析[J]. 光学精密工程, 2013, 21(3): 717-723.

[16] Yue Y, Gao F, Zhao X, et al. Relationship among input-force, payload, stiffness, and displacement of a 6-DOF perpendicular parallel micromanipulator[J]. Journal of Mechanisms and Robotics, 2010, 45(5): 756-771.

[17] 李研彪, 刘毅, 赵章风, 等. 基于空间模型技术的拟人机械腿的运动学传递性能分析[J]. 农业工程学报, 2013, (2): 17-23.

[18] 张文增. 拟人机器人的上肢的研制[D]. 北京: 清华大学, 2004.

[19] 孙涛. 少自由度并联机构性能评价指标体系研究[D]. 天津: 天津大学, 2012.

[20] Gosselin C, Angeles J. The optimum kinematic design of spherical three-degree-of-freedom parallel manipulator[J]. Journal of Mechanisms, Transmissions and Automation in Design, 1989, 111(2): 202-207.

[21] 陈修龙, 赵永生, 鹿玲. 并联机床的灵巧度评价指标及其应用[J]. 光学精密工程, 2007, 15(2): 237-242.

[22] 金振林. 新型六自由度正交并联机器人设计理论与应用技术研究[D]. 秦皇岛: 燕山大学, 2001.

[23] 李研彪. 新型 6-DOF 串并混联拟人机械臂的性能分析与设计[D]. 秦皇岛: 燕山大学, 2009.

[24] 郭希娟. 机构性能指标理论与仿真[M]. 北京: 科学出版社, 2010.

[25] 郭希娟, 黄真. 并联机器人机构加速度的性能指标分析[J]. 中国机械工程, 2002, 13(24): 2087-2091.

[26] 刘善增. 少自由度并联机器人机构动力学[M]. 北京: 科学出版社, 2015.

[27] Xin G Y, Deng H, Zhong G L. Closed-form dynamics of a 3-DOF spatial parallel manipulator by combining the Lagrangian formulation with the virtual work principle[J]. Nonlinear Dynamics, 2016, 86(2): 1329-1347.

[28] 白志富, 韩先国, 陈五一. 基于 Lagrange 方程三自由度并联机构动力学研究[J]. 北京航空航天大学学报, 2004, 30(1): 51-54.

[29] 陈根良, 王皓, 来新民, 等. 基于广义坐标形式牛顿–欧拉方法的空间并联机构动力学正问题分析[J]. 机械工程学报, 2009, 45(7): 41-48.

[30] 韩佩富, 王常武, 孔令富, 等. 改进的 6-DOF 并联机器人 Newton-Euler 动力学模型[J]. 机器人, 2000, 22(4): 315-318.

[31] 孔令富, 张世辉, 肖文辉, 等. 基于牛顿–欧拉方法的 6-PUS 并联机构刚体动力学模型[J]. 机器人, 2004, 26(5): 395-399.

[32] Tsai L. Solving the inverse dynamics of a Stewart-Gough manipulator by the principle of virtual work[J]. Journal of Mechanical Design, 2000, 122(1): 3-9.

[33] 杨建新, 余跃庆, 杜兆才. 混联支路并联机器人动力学建模方法[J]. 机械工程学报, 2009, 45(1): 77-82.

[34] Lu Y, Ye N J, Wang P. Dynamics analysis of 3-leg 6-DOF parallel manipulator with multi different-DOF finger mechanisms[J]. Journal of Mechanical Science and Technology, 2016, 30(3): 1333-1342.

[35] Wang H B, Sang L F, Hu X, et al. Kinematics and dynamics analysis of a quadruped walking robot with parallel leg mechanism[J]. Chinese Journal of Mechanical Engineering, 2013, 26(5): 881-891.

[36] 刘武发, 龚振邦, 汪勤悫. 基于旋量理论的开链机器人动力学 Kane 方程研究[J]. 应用数学和力学, 2005, 26(5): 577-584.

[37] Cheng G, Shan X L. Dynamics analysis of a parallel hip joint simulator with four degree of freedoms (3R1T)[J]. Nonlinear Dynamics, 2012, 70(4): 2475-2486.

第8章　总结与展望

8.1　总　　结

本书提出了一种新型的拟人机械腿，主要内容如下。

(1) 通过对比并联机器人和串联机器人的优缺点给出一种新型拟人机械腿，对拟人机械腿进行结构布局分析，在功能上能实现膝关节和踝关节运动，同时具有结构简单、惯性小、运动灵活、承载力大、与人腿相仿度高的优点。机械腿的自由度计算值为 3，符合人腿的关节的自由度分配。

(2) 分别绘制拟人机械腿的姿态工作空间和位置工作空间，姿态工作空间能更全面反映机构特点。在求工作空间的过程中，通过引入一个中间变量将姿态工作空间和位置工作空间关联在一起，并可通过该变量反映工作空间的性能，提高了对拟人机械腿的研究效率。

(3) 针对拟人机械腿的特点，将雅可比矩阵划分为线速度雅可比矩阵和角速度雅可比矩阵，分别定义各自的传递性能评价指标，给出了两者指标在工作空间内的分布规律。仿真结果表明，在初始姿态附近运动，速度传递性能良好且稳定，即脚掌的运动传递性能几乎不受屈膝角度的影响；屈膝过程中，小腿绕膝关节运动，前半部分行程速度传递性能良好，后半部分性能逐渐下降。这种机械腿的仿真结果符合人体腿部的运动要求。

(4) 应用拉格朗日方法建立动力学方程，利用矩阵形式表示动力学模型既能用于动力学控制，又能用于系统动力学模拟，且能清楚地表示出各构件之间的耦合特性。考虑该机构的重复性动作及不确定性，提出一种自适应迭代学习控制方法，并对此控制器进行收敛性证明，该控制器利用自适应算法对不确定项的学习来补偿参数的不确定项，利用迭代学习算法对期望轨迹进行跟踪。仿真结果表明，在自适应迭代学习控制器的作用下系统能较好地跟踪期望轨迹。

(5) 拟人机械腿需要三个伺服电机驱动来实现膝关节和踝关节的运动，螺旋传动不仅可以传递运动也可以传递力 (力矩)，这里采用的是丝杠。伺服电机模型预估包括对电机的转动速度和转动力矩预估，通过运动学反解求解出电机转动速度的运动方式，从而得出最大转速的范围。动力学分析可以求解出输入端驱动力，从而得到电机转矩的变化规律。求解电机输入端驱动力的方法与自由度的选取有很大关系，选择合理的参数作为自由度可以简化计算过程。求解出电机的最大转速和最大力矩便可以预估电机，以此选择电机型号。

(6) 针对这种拟人机械腿的特点，将雅可比矩阵划分为力雅可比矩阵和力矩雅可比矩阵，分别定义各自的传递性能评价指标，给出两者指标在工作空间内的分布规律。仿真结果表明，在初始姿态附近运动，力矩传递性能良好且稳定，脚掌绕踝关节转动的力传递性能几乎不受屈膝角度的影响；在运动边界附近，脚掌绕踝关节上下转动力传递性能提高，绕踝关节左右转动力传递性能略差；在一定屈膝角度下，脚掌绕踝关节转动的力传递性能与运动角度无关，仅在脚掌上翘到运动边界时力传递性能变差；当屈膝角度增大时，力传递性能变差，脚掌上翘到运动边界时力传递性能变差的角度范围增大，同时该趋势随屈膝角度增大而加速。这种机械腿的仿真结果符合实际应用要求。

(7) 应用空间模型技术，绘制全域性能指标的性能图谱。结合仿真与理论分析可知，对于少自由度的并联机构，力矩雅可比矩阵 $\boldsymbol{J}_M$ 与角速度雅可比矩阵 $\boldsymbol{J}_\omega$ 之间，力雅可比矩阵 $\boldsymbol{J}_F$ 与线速度雅可比矩阵 $\boldsymbol{J}_V$ 之间，在输入输出传递性上都具有相同的性质。根据遗传算法，得到机械腿尺寸参数的最优组合，对膝关节所在支链的结构进行优化，对机械腿进行机械零部件的设计。优化后，机械腿运动与力学传递性能良好、均衡，结构上更加紧凑、灵巧。

在并联机床的结构特点和作用的基础上，本书提出了一种新型的五自由度并联机床，主要内容如下。

(1) 分析新型正交 5-DOF 并联气囊抛光机床的布局特点，与传统的机床结构形式相比，本书所提出的新型并联机床在工艺性和初始装配位姿上具有一定的优势，有效解决了以往并联机床存在的装配工艺性差的问题。

(2) 求解新型正交 5-DOF 并联气囊抛光机床的自由度，证明它能够满足并联机床的运动需求；推导出新型正交 5-DOF 并联气囊抛光机床的位置正反解，并进行数值验证。

(3) 基于位置反解及杆长约束、转角约束等条件，借助 MATLAB 软件，绘制了新型正交 5-DOF 并联气囊抛光机床的工作空间，并定量分析部分结构参数对工作空间的影响，绘制出相应的影响曲线图。

(4) 针对这种并联机床的结构特点，分析其速度雅可比矩阵，并将其划分为线速度雅可比矩阵和角速度雅可比矩阵，分别定义各自的传递性能评价指标，给出各自的传递性能评价指标在工作空间内的分布规律。分析结果表明，在初始姿态附近运动时，速度传递性能较好且稳定。

(5) 针对该并联机床的结构特点，分析该并联机床的力雅可比矩阵，并将其划分为力雅可比矩阵和力矩雅可比矩阵，分别定义各自的传递性能评价指标，并绘制出各自的传递性能评价指标在工作空间内的分布规律。

(6) 根据该并联机床的全域性能评价指标与各结构参数之间的关系影响图，为新型正交 5-DOF 并联气囊抛光机床选取一组合理的几何结构参数，为并联机床的研制奠定了基础。

在球面并联机构结构特点和作用的基础上，本书提出了一种新型的球面 5R 并联机构结构，主要内容如下。

(1) 通过对球面 5R 并联机构分析，得到该机构的位置反解，并在其基础上进行自由度变化奇异分析，进而分析奇异位形与角度结构参数的关系。

(2) 基于数值方法理论，应用极坐标迭代搜索方法，介绍此并联机构的工作空间。基于多参数的迭代抽样优化方法，分析此机构各个结构参数对工作空间的影响，同时考虑加工与装配工艺性，选取较合理的结构参数。

(3) 对一种球面 5R 并联机构的运动学性能进行分析，推导出该机构动平台速度和加速度的正反解，并利用雅可比矩阵和海森矩阵的条件数，得到该机构的速度和加速度传递性能评价指标。基于传递性能评价指标，分析球面 5R 并联机构在全域工作空间内速度和加速度的传递性能且绘制了等高线分布图。结果表明，当角度 γ 值等于 -1.5972 rad、角度 β 值为 0.2～0.7 rad 时，速度和加速度传递性能达到最佳。

(4) 基于拉格朗日方法，得到广义惯性力的表达式。基于虚功原理，得到广义外力的表达式。另外，建立在外载荷条件下 5R 并联机构的动力学模型，对动力学模型中各系数对驱动力矩的影响进行分析。基于动力学模型，在给定一组结构参数和动平台的运动轨迹时，分析驱动器的输入速度、加速度和力矩的变化规律，并绘制其随时间变化的曲线图。利用 ADAMS 软件验证了外载荷条件下所建立的动力学模型的正确性。

8.2 展　　望

近年来，《中国制造 2025》对工业机器人的研究和发展起到了积极的促进作用，而随着制造业的发展，工业机器人已从当初的柔性上下料装置，正在成为高度柔性、高效率和可重组的装配、制造和加工系统中的生产设备。并联机器人凭借其结构刚性好、承载能力强、累积误差小、部件简单等优势，逐渐在制造业中占领市场。虽然在并联机器人方面已有了几十年的研究，但在其基础理论的积累上还远远不足，急需更多的人去开发和开展工作。目前，并联机构学理论已成为机构学研究领域的研究热点之一，本节主要从并联机构学理论方面阐述一些尚未解决的问题及展望。

1. 现代数学工具的应用

近年来，随着现代数学理论的不断发展，一些现代数学工具，如李群、李代数、微分流形和黎曼流形等，开始应用于并联机器人机构的理论研究之中。目前，这方面的研究大部分都是针对开链机构，如何将其引入并联机构有待进一步探讨。

2. 深入的动力分析研究

目前，对于并联机器人的机构动力分析还处于起步阶段，与传统机构动力分析相比，研究的深度和广度还相差甚远，大量的工作有待深入开展。例如，在动力学模型建立方面，建立与所有构件及关节的质量、转动惯量、惯性力（矩）、连接方式、摩擦、阻尼和结构尺寸等诸多因素有关的精细模型，使其分析计算结果的精度更高、更接近真值；在对精细模型定量分析的基础上，考虑建立满足精度及控制要求的简化模型，追求最快的求解速度；开展并联机器人机构动力学响应的研究，以指导动力学控制；研究并联机器人的机构振动、平衡等问题，以保证系统良好的动态性能；研究考虑构件的弹性、运动副间隙、制造和安装误差等因素影响的并联机器人机构高等动力学分析问题。

3. 控制策略研究

在控制研究领域，主要以简单控制方法（PD、PID）为主，而其他的控制方法，如自适应控制法、滑模控制法等，需要对机器人所有的状态进行反馈，但由于存在测量误差、反馈信号中引入的噪声，其控制性能会降低，控制效果也都不够理想。另外，所进行的一些智能控制方法，如模糊控制、神经元控制等，也只是处于理论研究阶段，尚有许多关键性技术需要进一步解决。